EDITION TERRA

Berliner Pflanzen

Das wilde Grün der Großstadt

von Heiderose Häsler
und Iduna Wünschmann

wissenschaftliche Beratung
Prof. em. Dr. Dr. h.c.
Herbert Sukopp

Inhalt

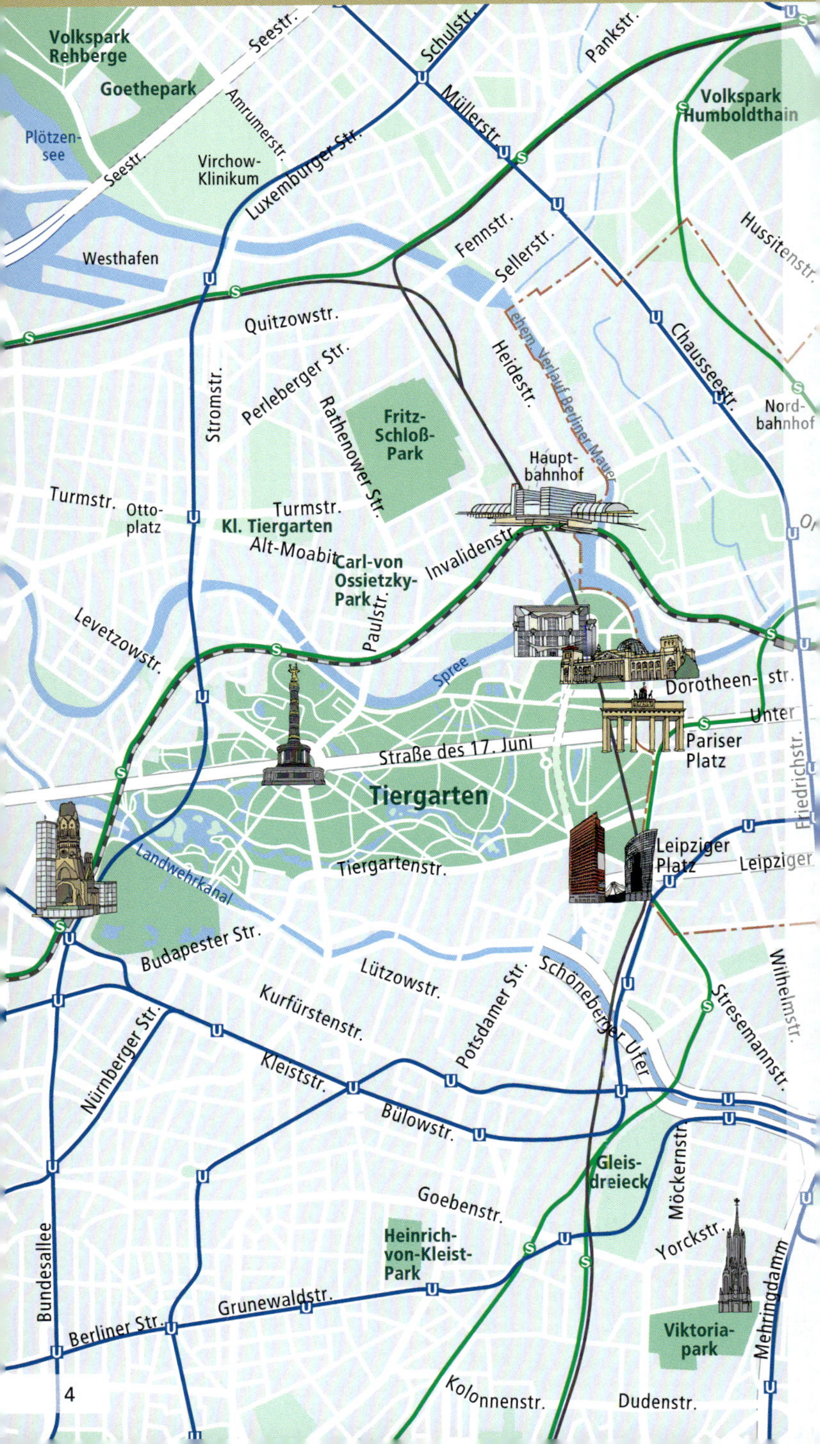
Volkspark Rehberge
Goethepark
Plötzensee
Seestr.
Amrumerstr.
Virchow-Klinikum
Luxemburger Str.
Schulstr.
Müllerstr.
Pankstr.
Volkspark Humboldthain
Westhafen
Fennstr.
Sellerstr.
Hussitenstr.
Quitzowstr.
Chausseestr.
Heidestr.
ehem. Verlauf Berliner Mauer
Perleberger Str.
Rathenower Str.
Stromstr.
Fritz-Schloß-Park
Nord-bahnhof
Haupt-bahnhof
Turmstr.
Otto-platz
Kl. Tiergarten
Alt-Moabit
Carl-von Ossietzky-Park
Invalidenstr.
Paulstr.
Levetzowstr.
Spree
Dorotheen- str.
Unter
Straße des 17. Juni
Pariser Platz
Tiergarten
Friedrichstr.
Landwehrkanal
Tiergartenstr.
Leipziger Platz
Leipziger
Budapester Str.
Lützowstr.
Schöneberger Ufer
Wilhelmstr.
Kurfürstenstr.
Potsdamer Str.
Stresemannstr.
Nürnberger Str.
Kleiststr.
Bülowstr.
Gleis-dreieck
Möckernstr.
Goebenstr.
Heinrich-von-Kleist-Park
Yorckstr.
Bundesallee
Grunewaldstr.
Berliner Str.
Viktoria-park
Mehringdamm
Kolonnenstr.
Dudenstr.

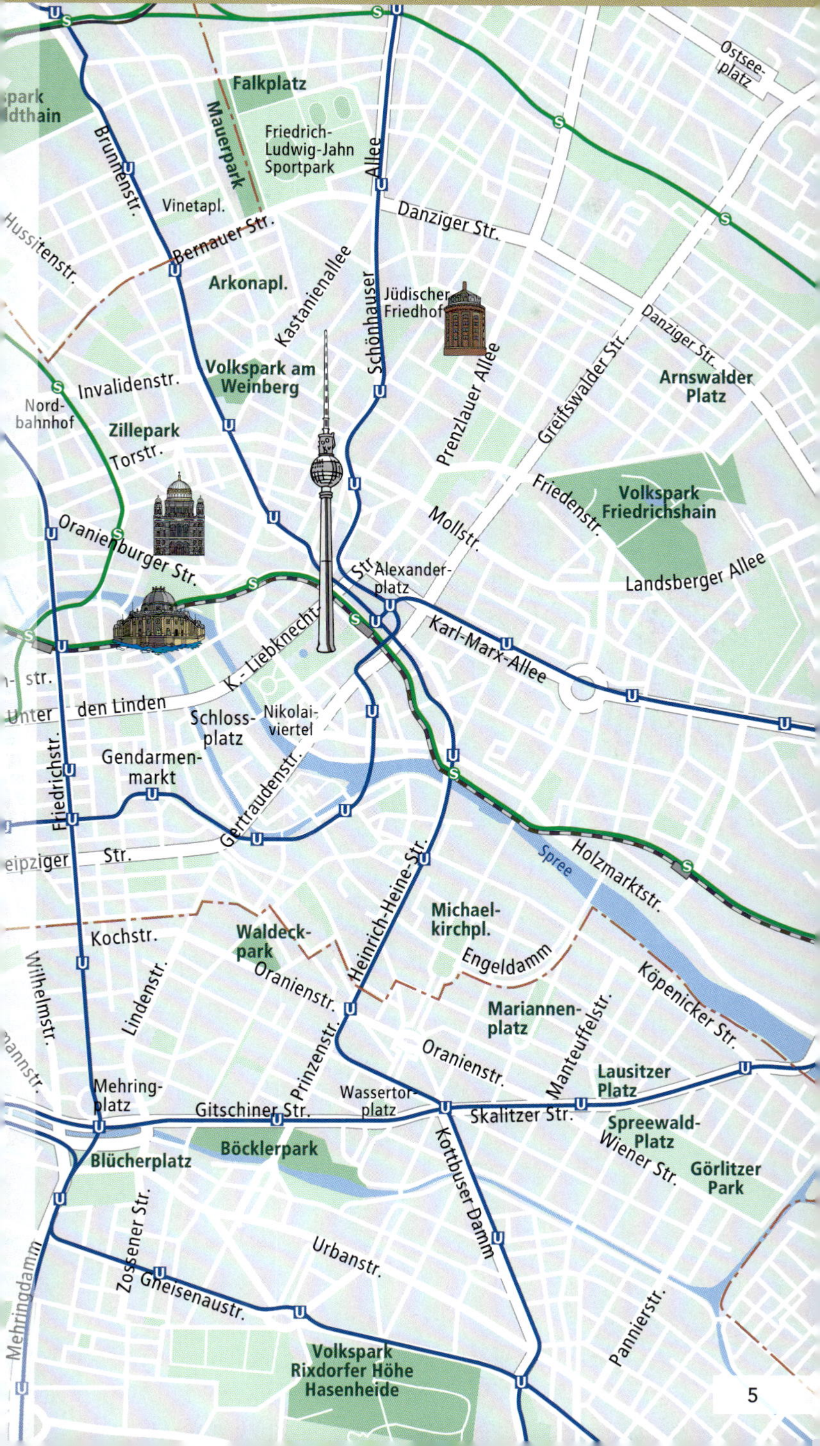

Falkplatz
Mauerpark
Friedrich-Ludwig-Jahn Sportpark
Brunnenstr.
Vinetapl.
Bernauer Str.
Hussitenstr.
Arkonapl.
Kastanienallee
Schönhauser Allee
Danziger Str.
Jüdischer Friedhof
Ostsee-platz
Danziger Str.
Greifswalder Str.
Arnswalder Platz
Volkspark am Weinberg
Invalidenstr.
Nord-bahnhof
Zillepark
Torstr.
Prenzlauer Allee
Friedenstr.
Volkspark Friedrichshain
Mollstr.
Oranienburger Str.
Alexander-platz
Landsberger Allee
Karl-Marx-Allee
K.-Liebknecht-Str.
Unter den Linden
Schloss-platz
Nikolai-viertel
Gendarmen-markt
Friedrichstr.
Gertraudenstr.
Leipziger Str.
Spree
Holzmarktstr.
Heinrich-Heine-Str.
Michael-kirchpl.
Kochstr.
Waldeck-park
Oranienstr.
Engeldamm
Köpenicker Str.
Wilhelmstr.
Lindenstr.
Mariannen-platz
Manteuffelstr.
Prinzenstr.
Oranienstr.
Lausitzer Platz
Mehring-platz
Gitschiner Str.
Wassertor-platz
Skalitzer Str.
Spreewald-Platz
Wiener Str.
Görlitzer Park
Blücherplatz
Böcklerpark
Kottbuser Damm
Zossener Str.
Urbanstr.
Mehringdamm
Gneisenaustr.
Pannierstr.
Volkspark Rixdorfer Höhe Hasenheide

Vorwort

Grüne Weltstadt oder steinernes Berlin? Auf jeden Fall eine Stadt im Grünen. Die Berliner Natur beeindruckt durch Vielfalt und Schönheit. Zahlreiche Farn- und Blütenpflanzen wachsen im Stadtgebiet. Seit 1800 hat ihre Zahl von 822 Arten auf etwa 1.400 zugenommen. Zu den hier heimischen Pflanzen sind Arten aus allen Teilen der Erde hinzugekommen.

Dieses Buch über Berliner Pflanzen zeigt anhand vieler Beispiele, dass selbst im Zentrum der Stadt Hunderte von Pflanzen leben. Bäume, Sträucher, Kräuter, Farne, Moose und Flechten gedeihen auf Mauern, Straßen, Wegen und an Orten, wo keiner sie vermuten würde. Sie lassen die Geschichte Berlins erkennen, wenn man in diesem „grünen Gedächtnis" zu lesen versteht. Sie spiegeln die Wirtschafts- und Stadtgeschichte wider, sie dokumentieren Zeiten von Krieg und Frieden.

Seltene und häufige Pflanzen, darunter echte Stadtpflanzen, die es außerhalb Berlins nicht gibt, finden Sie in diesem Buch beschrieben. Berliner Originale sind darunter, es gibt sie – wie bei Menschen – auch bei Pflanzen. Aber seien Sie nicht enttäuscht, wenn Sie die eine oder andere Pflanze nicht mehr an der im Buch beschriebenen Stelle finden. Die Pflanzenbestände der Stadt sind ständigem Wandel unterworfen.

Es lohnt sich, die verborgenen Schönheiten in der Stadtnatur wahrzunehmen und zu schützen. Ich wünsche Ihnen viel Freude beim Entdecken alter und neuer Kostbarkeiten.

Herbert Sukopp

Ehrenvorsitzender des Botanischen Vereins von Berlin und Brandenburg

1 Was vom Sumpfland übrig blieb

Schwarzerle, Kleine Wasserlinse, Blutweiderich, Sumpfdotterblume, Sumpfschwertlilie

Wer weiß schon, dass Berlin eigentlich Sumpfort bedeutet? Vor 1.000 Jahren kam man hier nicht trockenen Fußes durch. Ein bisschen lässt sich am Tiergartenrand davon noch erahnen, kühl wie es ist, dämmrig und geheimnisvoll. Das Wasser des Tümpels versteckt sich unter einem grünen Teppich, der fast berührt wird von tief herabhängenden Zweigen. Wäre da neben dem Blättersäuseln und Vogelschimpfen nicht ein ständiges Rauschen, ein gedämpftes Klingeln und Hupen, man wähnte sich in einer längst vergangenen Zeit.

Vom Großen Stern mit der Siegessäule sind es nur wenige Meter. Beim Eintauchen vom Spreeweg in das Tiergartendunkel kann es passieren, dass eine Wildkaninchenfamilie aufgescheucht davonhoppelt. Der Tümpel ist von **Schwarzerlen** umgeben, und der Blick von der schattigen Bank aus gibt ein Gefühl davon, wie es hier war, bevor die Stadt entstand: sumpfiges Land mit ausgedehnten Erlenbruchwäldern. Zwar blitzt durch die Zweige eine bunte Autoschlange, hier aber riecht es modrig statt nach Abgasen.

Weit bis in das nächste Jahr hängen die Zapfen der Schwarzerle an den Zweigen.

Die Wurzeln der Schwarzerlen reichen weit in das Wasser hinein, tiefer als bei jedem anderen Baum. Oberirdisch ist die geheimnisvolle Sumpflandspezialistin zu jeder Jahreszeit gut auszumachen. Im Sommer hat sie ihre Blütenkätzchen angelegt und trägt sie offen durch den Winter. Noch bevor die ersten Blätter da sind, in milden Wintern schon ab Januar, fliegen Pollen durch die Luft, die ersten Heuschnupfenauslöser im Jahr. Die männlichen violetten Kätzchen hängen am Ende der Zweige lang herunter. Unter ihnen verstecken sich die kleinen weiblichen Blütenstände, die Bestäubung übernimmt der Wind. Das Ergebnis sind grüne Mini-Zapfen, die ab Oktober schwarz werden.

Aus dem „Holzschuhbaum" werden heute feine Möbel gemacht, aber auch Pfahlbauten, weil das Holz dem Wasser so gut widersteht. Halb Venedig steht auf Erlenpfählen und halb Berlin-Mitte auch.

Fast steht das Wasser hier, ein Extremstandort, mit dem nur *Alnus glutinosa* klarkommt. Ihr Wurzelsystem ist gegen Sauerstoffmangel, den Erstickungstod also, bestens gerüstet: mit einem Hohlraumsystem und kleinen Öffnungen in der Rinde, den Korkporen. Durch sie gelangt die „Luft zum Atmen" in das Durchlüf-

Berühmt wurde der Baum durch Goethes *Erlkönig*. Zugrunde liegt ihm eine dänische Ballade vom *Ellerkonge*, dem König der Elfen. Beim Übersetzen machte Johann Gottfried Herder 1777 daraus den König der Erlen. Goethe übernahm angeblich den Übersetzungsfehler.

Ein Leibgericht der Wasservögel: die Entengrütze.

Die Wasserwurzeln der Wasserlinse.

tungsgewebe. Strahlt dann noch die Sonne auf die schwarzbraune Rinde und erwärmt das Innere des Stamms, wirkt das wie eine Sauerstoffpumpe. Mikroorganismen an den Wurzelknöllchen ziehen Stickstoff aus der Luft und verändern ihn so, dass er vom Wirtsbaum direkt aufgenommen werden kann.

Solche ungewöhnlichen Lebensstrategien, heute genau erklärbar, schienen früher rätselhaft und flößten den Menschen Angst ein. Die unheimliche Erle war in der altnordischen Mythologie der Baum des Utgard, des unbewohnten Teils der Welt, über den Riesen und Dämonen herrschten. Sumpfwälder galten als unkultivierbar, weil Wasser und Land nicht „ordentlich" voneinander getrennt waren. Hier geisterten Irrlichter herum und alle möglichen Nebelgestalten – auch die Unheil bringenden Erlenfrauen, Hexen mit Haaren so orangerot wie das frisch geschlagene Erlenholz. Sie standen im Ruf, Wanderer vom Wege abzubringen und in den dunklen Sumpf zu ziehen. Ein bisschen kann man sich das Geheimnisvolle noch vorstellen, wenn die Sonne durch die Erlenblätter strahlt und den Tümpel in ein gelblichgrünes Licht taucht.

Dieser gibt auch einem interessanten Winzling, der **Kleinen Wasserlinse**, die Chance, im Herzen der Hauptstadt zu wohnen. Sie braucht solch stehendes Gewässer, sonst würde die Freischwimmerin hinweggespült. Denn ihre kurzen Wurzeln verankern sich nicht im Boden, sind nur dazu da, Nahrung aus dem Wasser zu ziehen. Bei Nährstoffüberschuss können sich die linsenförmigen Gebilde rasant vermehren, ihre Biomasse in nur zwei Tagen verdoppeln. Die Sprosse teilen sich, neue brechen seitlich hervor, bis die Wasserfläche wie mit einem grünen Teppich überzogen ist. Dann kann das Ökosystem sogar umkippen. Es sei denn, jemand tut sich an der Entengrütze gütlich. Wie der Zweitname sagt, haben vor allem Wasservögel eine Vorliebe für die nahrhafte grüne Masse.

Mit einem Käscher abgeschöpft, kann *Lemna minor* aber auch für uns schmackhaft sein: als Zutat zum Salat oder roh als würzende Beigabe zu Suppen, mit Zwiebeln kurz in Öl gedünstet oder als „Wasserlinsenbeet“ für einen Tomatensalat. Aber nur bis zum Herbst, dann nämlich lassen sich die linsenförmigen Gebilde einfach nach unten sinken, um im Tümpelboden zu überwintern.

Der Blutweiderich wurde früher vielseitig genutzt: zum Gerben von Leder und zum Imprägnieren von Holz und Seilen. Aus den Blütenständen wurde Lebensmittelfarbe zum Färben von Süßigkeiten gewonnen.

An anderer Stelle im Tiergarten lässt der **Blutweiderich** ein wenig die Vor-Berlin-Zeit erahnen. Am Goldfischteich blüht er leuchtend purpurrot von Juni bis in den Spätsommer hinein. Recht versteckt zwischen anderen Uferbewohnern, doch wegen seiner Höhe ist er nicht zu übersehen. Eigentlich hat er ein einnehmendes Wesen, bis zu 50 Stängel können aus einem Wurzelstock herauswachsen, doch hier muss er sich ziemlich bescheiden.

Der griechische Name *Lythrum salicaria* erklärt sich ganz einfach: *lythron* heißt Blut und verweist auf seine Blütenfarbe, *salicarius* bedeutet weidenartig und beschreibt die Form der Blätter.

Im Wasser leben kann die Pflanze, weil die untergetauchten Sprosse ein Durchlüftungsgewebe entwickeln, das den Wurzelstock mit Sauerstoff versorgt.

Kaum zu glauben: Sogar mitten im Großstadttrubel hat der Blutweiderich einen ihm genehmen Platz gefunden. Behauptet sich zwischen dem Schilf im „Urbanen Gewässer am Potsdamer Platz“, der Regenwasseraufbereitung für die modernen Architekturgebilde. Eine alte Sumpfbewohnerin zwischen Asphalt, Glas und Beton …

„Kleine Trichterblumen“: Sechs violette Kronblätter, zart und knittrig, bilden einen ährenartigen Blütenstand.

Sumpfdotterblume im Englischen Garten.

Die Knospen hießen früher „Deutsche Kapern" – kochen, in Essig einlegen und einfach mal probieren.

Giftig schön: die Blüte der Sumpfschwertlilie.

Auch leuchtendes Gelb erinnert an die Pflanzenwelt vor 1.000 Jahren. Zeitig im Frühjahr öffnen am Teich im Englischen Garten **Sumpfdotterblumen** ihre runden Köpfchen. Glänzend schauen sie aus. Es sind Karotinoide, fettlösliche Farbstoffe, die die Außenhaut, die Epidermis, lebhaft gelb färben. Die darunterliegende Schicht dient als Reflektor – so kommt der ungewöhnliche Fettglanz zustande.

Weil die Blüten so intensiv gelb sind, bekam das Vieh früher Sumpfdotterblumen zu fressen, für eine schöne gelbe Farbe der Butter. Obwohl, wie man heute weiß, *Caltha palustris* schwach giftig ist.

Wer sich aus dem Gartencafé auch bei Regen an den Teich hinunterwagt, wird sehen, dass die Blüten geöffnet bleiben, sich mit Wasser füllen. Staubbeutel und Narben stehen dann auf gleicher Höhe wie der Wasserspiegel und so können die Pollen zur Narbe schwimmen. Selbstbestäubung bei Regen – das ist auch im Pflanzenreich etwas Besonderes.

Im Mai und Juni locken am Goldfischteich die großen gelben Blüten der **Sumpfschwertlilie** außer freudigen Menschenblicken auch fleißige Hummeln an. Nur sie, mit ihrem langen Rüssel, kommen an den Nektar heran, der tief in der Blütenröhre verborgen ist. Eine echte „Einkriechblume" eben.

Bis zu einem Meter hoch wird *Iris pseudacorus*, hier im Teich hat der Schlammwurzler gleich mehrere seiner dicken, waagerecht kriechenden Rhizome im Uferboden verankert. Der Wurzelstock musste früher für vieles herhalten: zum Gerben und als Magenmittel, auch zu Schnupftabak wurde er.

Die Form der langen schmalen Blätter erklärt den deutschen Namen: Schwert-Lilie. Schön ist sie – und giftig. Doch nicht nur deshalb sollte man die Wasserbewohnerin nur anschauen, nicht abbrechen. Sie steht in Deutschland unter Schutz wie alle Pflanzen der Schwertlilien-Gattung.

Mancher hat eine Zuchtform an seinen Gartenteich gepflanzt. Im Berliner Tiergarten aber erzählen die schönen Lilien von einer vergangenen Zeit. Lange bevor Berlin an dieser Stelle entstand.

vor rund 10.000 Jahren. Die jüngste, die Weichseleiszeit hatte die Berliner Landschaft geformt. Riesige Gletscher aus Skandinavien waren bis hierher vorgedrungen und hatten Unmengen Steine, Geröll, Sand mitgebracht, die als „Berg" liegen blieben, wo sie innehielten und schmolzen. So entstanden die Moränenplatten des Teltow im Süden und des Barnim im Norden. Dazwischen liegt die von der Spree durchflossene Niederung des Berliner Urstromtals.

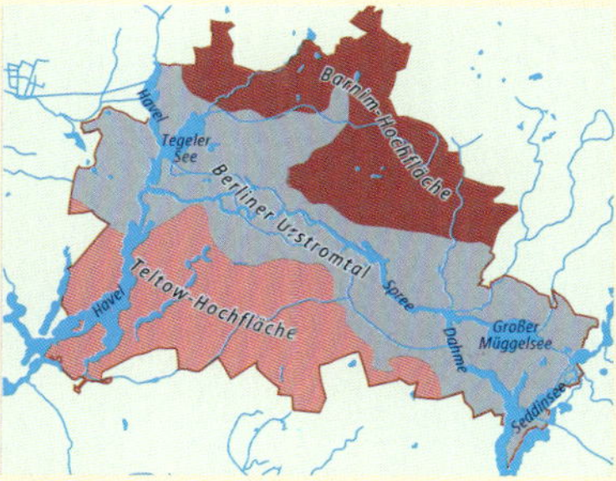

Berlins Lage im Urstromtal.

In der späteren Warmzeit, vor 5.000 Jahren, bildeten sich hier Auwälder mit Eichen und Hainbuchen. Auf den meist sandigen Böden der Höhen wuchsen Kiefern, Eichen, Linden und Buchen. Wisent, Ur, Elch und Wildpferde lebten im Dickicht. Zunächst besiedelten Germanen das Gebiet. Nach ihrem Rückzug kamen im 6. Jahrhundert die Slawen, errichteten Burgen in Spandau und Köpenick. Nur ein paar hundert Jahre später versuchten christliche Herrscher, vom Westen aus, das Gebiet zu erobern. 1157 siegte der Askanier Albrecht der Bär – die Mark Brandenburg war geboren. Menschen aus dem Altreich kamen ins dünn besiedelte Land, rodeten Wälder, legten Äcker an, bauten Dörfer und Städte.

Vermutlich waren Berlin und Cölln, gelegen an wichtigen Handelswegen, zunächst einfache Rastplätze beiderseits der Spree, aus denen kleine Kaufmannssiedlungen erwuchsen. Die Stelle war gut gewählt. Hier verengt sich das Urstromtal von 15 auf 4 Kilometer, bildet so fast eine natürliche Furt. Um 1300 wurden am heutigen Mühlendamm Tausende Eichen- und Kiefernstämme in den sumpfigen Boden gerammt, um mit einem Knüppeldamm Berlin und Cölln zu verbinden. Wann genau beide Städte gegründet wurden, ist nicht bekannt. Erstmals urkundlich erwähnt wurde Cölln 1237, Berlin 1244. Die ersten Bürger kamen u.a. vom Rhein und brachten von dort wahrscheinlich auch den Namen „Cölln" mit.

Obwohl Archäologen im alten Stadtgebiet bisher keine Spuren früherer Siedlungen der Slawen fanden, scheinen diese zumindest für den Namen „Berlin" verantwortlich zu sein. Er lässt sich auf die Wurzel *brl* – Sumpf zurückführen, was verbunden mit der Endung *-in* trockener Platz mitten im Morast bedeutet. Mit einem Bären hat der Name also nichts zu tun, auch nicht mit Albrecht dem Bär, dem ersten Markgrafen von Brandenburg. Warum zwei Bären 1280 im Berliner Siegel auftauchten, ist noch unerforscht.

2 Mauerblümchen

Zimbelkraut, Braunstieliger Streifenfarn, Mauerraute

Einen Hauch von Mittelalter hat dieses Stück Holperweg, nur fünf Minuten vom Alexanderplatz entfernt, noch immer. Vom Verkehrsrauschen der großen Straßen dringt nicht viel bis hierher. Nur Reste sind übrig von der ursprünglichen Stadtbefestigung. Ein Mauer-Patchwork ist sie geworden über die Zeit: Backsteine im Klosterformat, mehr als 700 Jahre alt, neben Ziegeln aus dem 18. und 20. Jahrhundert, Feldsteinen verschiedener Größe. Den Mauerbewohnern ist es egal, in welchen Ritzen sie ihre kleinen Wurzeln festmachen. Hauptsache das Stückchen Nährboden ist kalkhaltig.

Der kleine Mauerfreund: das Zimbelkraut.

Der Blick tastet über die historischen Steine, deshalb ist man schließlich hierher gekommen. Neben der Gaststätte „Zur letzten Instanz“ ist die Mauer so niedrig, dass man oben draufschauen kann. Eine Schräge, auf der sich zahlreich das **Zimbelkraut** tummelt.

Zwischen den herzförmigen Blättern dicht an den Ziegeln schieben sich hellviolette zarte Schönheiten nach oben. Maskenblumen werden sie von Botanikern genannt, wegen der maskenhaften Geschlossenheit der Blüten. Die halbmeterlangen Stängel, an denen die Blättchen und gespornten Blüten sitzen, klettern auf der Mauerschräge lang oder lassen sich einfach hängen.

Die gelben Blütenmale auf der Unterlippe wirken als Staubbeutelattrappen.

Das Zimbelkraut ist ein ganz besonderer Spezialist der Fugen. Mit einem erstaunlichen Trick kann *Cymbalaria muralis* hier überleben: Ist die Blüte befruchtet, wächst ein langer Fruchtstiel mit einer kugeligen Samenkapsel. Biegt sich weg vom Licht in Richtung Mauerritze, dem einzig möglichen Keimbett an der kargen Mauer. Die Kapsel springt auf, um die Samen freizusetzen, doch das letzte Samenkorn bleibt fest mit der Kapsel verbunden und wird in die dunkle Spalte hineingeschoben.

Weg vom Licht – die Samenkapseln suchen die Mauerspalte.

Warme, sonnige bis halbschattige und etwas feuchte Mauern – die Vorlieben des Spaltenkriechers sind hier, mitten in Berlin, bestens erfüllt. Üppiger noch als die alte Stadtmauer besiedelt das Zimbelkraut manchmal die benachbarte Klosterruine, kriecht an den Treppen und auf dem Boden zum Eingangstor ent-

Ursprüngliche Heimat des Zimbelkrautes sind Felsen in Norditalien und an der Adria. Im 16. Jahrhundert holte man es als Zier- und auch Heilpflanze nach Mitteleuropa, als Helfer gegen Wunden, Frauenleiden und Entzündungen verschiedenster Art.

Ansalbung bezeichnet das bewusste Ausbringen fremder Pflanzen mit dem Ziel der Bereicherung der Flora. Im Naturschutz gilt sie als Florenverfälschung und ist heute genehmigungspflichtig.

lang, hängt an den Klostermauern herab. Naturschützer haben Denkmalpfleger überzeugt, dass es trotz Sanierung an einigen Stellen bleiben durfte.

Geht die Ansiedlung vielleicht auf den Ansalber Heinrich Seidel zurück? Der Schriftsteller und Ingenieur der Kreuzberger Yorkbrücken und des Anhalter Bahnhofs hatte ein besonderes Hobby: Von seinen Reisen brachte er Samen fremdartiger Gewächse mit, um sie hier in Berlin „auszusetzen“. Auf dem Weg vom Weinhaus Huth zur Straße am Karlsbad, wo er wohnte, streute er ab 1890 Zimbelkraut-Samen aus und freute sich im nächsten Jahr an den verblüffenden Ergebnissen. Wollte er sich einen Spaß machen mit den Botanikern?

Inzwischen sind die kleinen Fugenbewohner sogar zu Stars geworden, zieren königliches Porzellan. Junge Frauen haben einen Sommer lang im Gras neben den historischen Steinen gesessen, sich über die niedrige Mauerschräge gebeugt, Blüten und Blätter mit dem Zeichenstift studiert und die Skizzen dann auf schneeweiße Teller und Tassen übertragen. So entstand das Service „Mauerblümchen“ der Königlichen Porzellan-Manufaktur Berlin.
Die Auszubildenden haben neben ihrem Handwerk auch viel über die kleinen Pflanzen gelernt und teilen nun die Faszination für Zimbelkraut & Co. mit ihrem Lehrer. Der hatte die Idee zum Mauerblümchen-Service. Und unterrichtet an der Spandauer Knobelsdorff-Schule neben angehenden Porzellanmalern auch technische Assistenten für Denkmalschutz ... Eine Gruppe Fugenbewohner hat ihm und seinen Schülern das Leben zu verdanken.

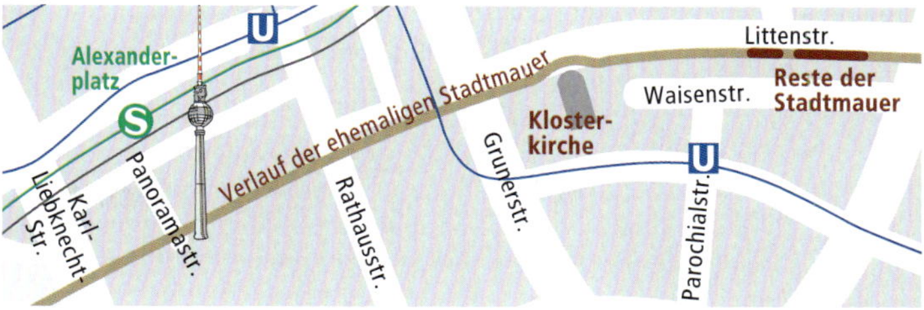

Ganz oben an der alten Stadtmauer machen sich, im Schatten eines Gold-Blasenbaumes, hübsche Farne breit, der **Braunstielige Streifenfarn** und die zierliche **Mauerraute**. Es sind hier die Letzten ihrer Art, die Übriggebliebenen.

Andere haben dran glauben müssen, als es ab 2006 dem Staub der Jahrhunderte an den Kragen ging, die Stadt will ihren Touristen ja ein „ordentliches" Stück Geschichte präsentieren. 200 Bar Wasserdampfdruck und Quarzpulver im Wirbelstrahlverfahren zum Putzen der Ziegel, die Fugen neu verschmiert – das ist nicht zu überleben.

Doch diese kleine grüne Kolonie wurde verschont, durch eine Zufallsbegegnung. Als die Sanierung vorbereitet wurde, hatte ein begeisterter Pflanzenfotograf die Denkmalschützer aufmerksam gemacht, die Farne seien doch schön und selten in der Innenstadt. Und so wurde von den Fachleuten entschieden: Die da oben dürfen weiterwachsen. Ihr kleines Schattenreich bekam eine ganz besondere Behandlung. Die Azubis der Knobelsdorff-Schule schrubbten die Ziegel mit Wurzelbürsten sauber, vorsichtig um die Farne herum, im Auftrag der Denkmalpflege. *Asplenium trichomanes*, der Braunstielige Streifenfarn, und *Asplenium ruta-muraria*, die zierliche Mauerraute, sind in Berlin und Brandenburg gefährdet. Zuviel ist schon wegsaniert worden.

Mit guten Augen und mit Fernglas sowieso kann man die Sporenbehälter auf den kleinen Farnwedeln erkennen und auch die rostbraunen Mittelstreifen, die dem Braunstieligen Streifenfarn seinen Namen gaben. *Trichomanes* – eine Pflanze mit vielen Haaren, und wirklich, wenn die Blätter abgefallen sind, sehen die Wedelstiele wie ein Büschel Haare aus.

Schüler des Ausbildungszweiges „Technische Assistenten für Denkmalschutz" beim Putzen der Mauer mit Wurzelbüsten.

Der in Berlin selten gewordene Braunstielige Streifenfarn. Seine Wedel sind einfach gefiedert und haben einen rostbraunen Mittelstreifen.

Tatsächlich ein Farn: die Mauerraute.

Der Sumpffarn, *ein Liebhaber von Feuchtgebieten, wächst auch mitten in Berlin.*

Die Mauerraute erscheint so gar nicht wie ein „üblicher“ Farn. Die mattgrünen Blätter können sehr vielgestaltig sein: dreieckig bis rhombisch-eiförmig oder länglich-lanzettlich und verschieden gefiedert.

Nur ein Mauerstück weiter wächst in Augenhöhe ein kleiner Sumpffarn. Eigentlich eine Feuchtgebietspflanze der Erlenbruchwälder, ist er eine wirkliche Besonderheit in der Innenstadt.

Was wird aus Zimbelkraut und Sumpffarn, wenn dereinst das Geld da ist, um auch die anderen Mauerstücke zu sanieren? Und wenn zwischen Molkenmarkt, Gruner-, Litten- und Stralauer Straße das neue „Klosterviertel“ entsteht? Mit Büros und Geschäften, Wohnungen und Kneipen.

Anderswo wie am Reichstagufer sind die Fugenbewohner verschwunden. Hier an der Nordseite der Spree hatten sich die Farne recht wohl gefühlt. Was der Fluss ausdünstete, nahmen die Pflanzen begierig auf. Doch dann wurden sie weggeputzt. Für einen „sauberen Blick“ auf's Parlament?

Vom Bahnhof Friedrichstraße bis zum Reichstag sind die Spreemauern nun nackt, die Fugen fest verschmiert. Doch in die andere Richtung, zum Bode- und Pergamonmuseum hin, streift der Blick runter ins dunkle Spreewasser noch immer manch zartgrünen Wedel.

An den Mauern der Spree rund um die Museumsinsel haben Experten etwa 50 Arten von Mauerpflanzen gezählt, die meisten im unteren Bereich, wo es schön feucht ist.

Die Berliner Stadtmauer

Viel gibt es nicht mehr aus jener Zeit und das Wenige ist kaum bekannt – wie die Reste der Berliner Stadtmauer zwischen Waisen- und Littenstraße. Insgesamt 82 Meter sind die drei Abschnitte heute noch lang. Einst waren es zweieinhalb Kilometer.

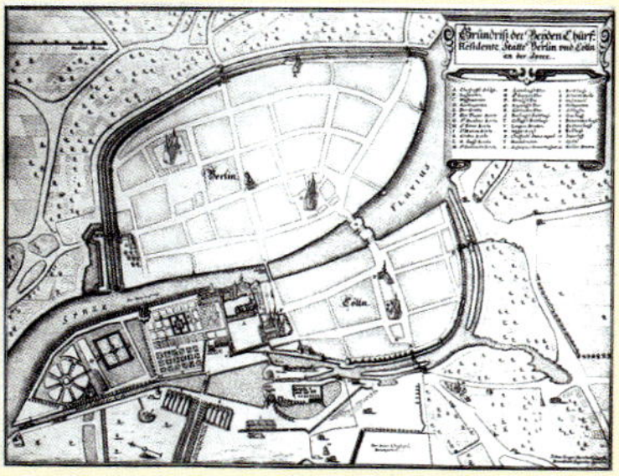

Die Stadtmauer um Berlin und Cölln, 1650.

Gegen 1300 wurde die Befestigungsanlage um Berlin und Cölln als Schutz vor den immer wieder aufflammenden Kämpfen ums Territorium errichtet. Hatte doch die Doppelstadt an den großen Fernstraßen zur Oder bis nach Stettin und Breslau besondere Bedeutung erlangt. Um sich vorzustellen, wie sie genau ausgesehen hat, braucht man etwas Fantasie. Denn das Charakteristische für alle Stadtmauern der Region ist nicht mehr da: kleine, rechteckige Schalentürme, die Wiekhäuser, die man von der Stadt aus betreten konnte. Traten sie für gewöhnlich in der Mark an der Außenmauer hervor, ragten sie in Berlin dagegen in die Stadt hinein und waren mit einer modernen Form der Verteidigung, den Mauerreitern, sogenannten Satteltürmen kombiniert. Sie standen oben über der Mauerflucht hervor und ermöglichten eine bessere Sicht auf anstürmende Feinde, so neue Erkenntnisse der Bauforscher.

Wie viele Menschen am Bau beteiligt waren, weiß man nicht. Schwer und aufwendig war sicherlich das Heranschaffen des Materials aus dem Umland, Feldsteine aus dem Barnim und der Lausitz, aufeinander geschichtet und verbunden mit gebranntem Mörtel aus Mergel oder Wiesenkalk. Bis zu 70 Meter, so vermuten die Wissenschaftler, könnten pro Jahr errichtet worden sein. Später nutzte man Backsteine aus den Ziegeleien der Stadt, wie am jüngeren Mauerabschnitt zu sehen ist, der zur Ruine der im 2. Weltkrieg zerstörten Klosterkirche führt. Dort hatten sich Franziskanermönche niedergelassen. Sie lebten von Spenden, bauten im Klostergarten aber auch Heilkräuter an. Hier schrieb Leonhard Thurneysser zum Thurn 1578 das älteste Kräuterbuch Brandenburgs.

Dass die Reste der Stadtmauer heute noch da sind, ist Zufall. Schon im 17. Jahrhundert hatte ihr Verfall begonnen. Viele Steine wurden abgetragen, anderswo verbaut. Manche Mauerabschnitte aber recycelte man gleich an Ort und Stelle – als Rückwand für neue Häuser. So blieben sie erhalten. 1948, als noch vieles in Schutt und Asche lag, wurden sie bei Enttrümmerungsarbeiten freigelegt. 1996 kam beim Abriss von Häusern Weiteres ans Licht.

3 Vergessene Helfer

Königskerze, Osterluzei, Schöllkraut, Efeu

Wüsste man, beim Schlendern ums Haus der Kulturen der Welt oder über den Gendarmenmarkt, wozu Gewächse so alles gut sein können, sie bekämen sicherlich mehr Aufmerksamkeit. Ob als Lichtquelle oder Herzmittel, als Geburtshelfer oder als „Katervertreiber" – sehr clever nutzten die Menschen so manche Pflanze, die wir heute als uninteressant abtun.

Die Blüten der majestätischen Königskerze öffnen sich entlang des ganzen Blütenstandes.

Viele Namen der **Königskerze** künden von ihren Bedeutungen: Unholdskerze, Himmelsbrand, Donner- oder Blitzkerze, Wetterkerze, Wollblume. Was hat der Mensch nicht alles mit ihr und aus ihr gemacht. Die Stängel, in Harz oder Pech getaucht, dienten als langbrennende Fackeln, als Lampendocht die leicht entzündbaren Härchen an den Blättern. Der Safran-Farbstoff der Blüten wurde zum Gelbfärben genutzt. Die Samen, in ein Gewässer gestreut, betäuben die Fische und erleichtern ihren Fang, meinte jedenfalls der griechische Philosoph Aristoteles.

Für einen Tee die geöffneten Blüten ohne grüne Blütenkelche sammeln, möglichst an sonnigen Tagen. Trocknen und in luftdichten Gläsern aufbewahren.

Jede Kapsel hat 300 winzige Samen – bei 200 Blüten können also 60.000 Samen an einer einzigen Pflanze reifen. Dann verholzt sie und stirbt ab. Aber vorher streut der Wind die sogenannten Ballonflieger umher, und das eine oder andere Körnchen wird es schaffen, zu keimen, eine Blattrosette zu bilden und eine kräftige Speicherwurzel. Ein ganzes Jahr muss dann vergehen, bis die Königskerze erwachsen wird und im zweiten Jahr Blüten und Früchte bildet.

Fünf Königskerzen-Arten hat Berlin zu bieten und mehrere Bastarde. Da sind die Großblütige Königskerze *Verbascum densiflorum*, die bis zu zwei Meter hoch in den Hauptstadthimmel ragt, die Kleinblütige *V. thapsus*, die Schwarze *V. nigrum*, die schon ab Mai ihre Blüten öffnet und erkennbar ist an ihren violett behaarten Staubblättern. Majestätisch sind sie alle, und alle haben uns Menschen über Jahrhunderte nützlich zur Seite gestanden.

Die Fruchtstände sind gerade im Winter sehr augenfällig.

Hippokrates, der berühmteste Arzt des Altertums, erwähnte die Königskerze bei Wundbehandlungen. Und die Äbtissin Hildegard von Bingen empfahl im 12. Jahrhundert

Besonders dick ist der Haarüberzug an jungen Blättern und der Rosette der Königskerze. Auf der Schleimhaut des Mundes verursachen die Haare lästiges Jucken und Kratzen. Weidetiere hüten sich vorm Wollkraut.

die Wollblume als Mittel für ein starkes und „fröhliches" Herz. „Aber auch wer in der Stimme und in der Kehle heiser ist und wer in der Brust Schmerzen hat, der koche Königskerze und Fenchel in gleichem Gewicht in gutem Wein, und er seihe das durch ein Tuch und trinke es oft, und er wird die Stimme wieder erlangen", schrieb sie.

Ganz vergessen ist das auch heute noch nicht. Dass die Blüten bei Katarrhen helfen und reizlindernd wirken, wegen der Schleimstoffe und Saponine, ist wissenschaftlich anerkannt. In Südwestdeutschland wird die Pflanze deshalb auch Lungenkraut oder Hustenblume genannt. Einen Tee zu kochen, braucht es nur einen Esslöffel Königskerzenblüten, kochendes Wasser und 10 bis 15 Minuten Zeit.

rechts: Die Blüten einiger tropischer Arten der Osterluzei gehören mit über 50 Zentimetern zu den größten Blüten überhaupt.

Die vielsamige Frucht ist anfangs grün, wird später schwarz. Vor allem in Samen und Wurzeln steckt die giftige Aristolochiasäure.

Am Rande der Straße des 17. Juni hat die monotone Hartriegel-Begrenzung die **Osterluzei** verdrängt, wie fast alles, was hier wuchs. Die alte Dorfpflanze hatte Love-Parade und anderen Massenspektakeln jahrelang trotzen können, vertrieben hat sie eine Hecke, die den Tiergartenrand vorm Zertrampeln schützen soll. Es war die wohl Letzte ihrer Art in der Innenstadt, eine Pflanze, die an die Zeit erinnerte, als Berlin noch aus Dörfern bestand. Kenner meinen, das Wurzelgeflecht der *Aristolochia clematitis* würde noch leben im Boden und irgendwann wieder austreiben, das ausdauernde Kraut sei so leicht nicht wegzukriegen.

Doch die Osterluzei gibt es noch anderswo in Berlin. Richtig breitgemacht mit ihrem kriechenden Wurzelstock hat sie sich auf dem

Kirchhof der Gemeinde Jerusalems- und Neue Kirche, dem östlichsten der aneinandergereihten Friedhöfe an der Kreuzberger Bergmannstraße. Naturschützer konnten den Friedhofsgärtner überzeugen, der alten Dorfpflanze nichts anzutun.

Im Comenius-Garten in Neukölln aber ist sie ganz sicher, dort soll sie wachsen. Ist extra angepflanzt worden, um die Farbenlehre des Universalgelehrten Johann Amos Comenius (1592–1670) anschaulich zu machen. Mit ihren hellgelben Blüten steht sie im Arzneigärtlein. Die Osterluzei-Pflanzen hier haben eine ganz besondere Geschichte.

1737 kamen Einwanderer aus Böhmen nach Rixdorf und bauten am Richardplatz ihr „Böhmisches Dorf", 69 Familien waren es anfangs. Am 20. April 1781 wurde Eva Christiana Grunowsky, verehelichte Pittmann, als erste „legitimierte und recipirte Hebamme" in Rixdorf zugelassen. Zu ihrem Handwerkszeug gehörte die Osterluzei. Denn die hilft, Wehen einzuleiten und die Geburt zu erleichtern. Aber auch als Abortivum, zum Abtreiben, wurde sie eingesetzt und bei Menstruationsbeschwerden. Die Wirkung wird durch die Aristolochiasäure hervorgerufen. *Aristos lochia* heißt im Griechischen soviel wie sehr gute Geburt. Schon im 1. Jahrhundert hatte der Arzt Pedanios Dioskurides in seiner Arzneimittellehre geschrieben: „Die Aristolochia trägt ihren Namen daher, weil sie Wöchnerinnen helfen soll."

Die Hebamme Grunowsky also pflanzte im 18. Jahrhundert die Osterluzei in ihren Garten. Und da, im Grundstück Richardstraße 88, wächst sie noch heute und sogar aus dem Zaun heraus zur Kirchgasse hin. Von hier aus wird mehr als 200 Jahre später ein Ableger in den Comenius-Garten geholt, wo die Geburtshelfer-Pflanze inzwischen ein halbes Beet bedeckt. Am schönsten ist sie zwischen Mai und Juni, dann nämlich trägt sie ihre eigenartigen Blüten.

Die uralte Heilpflanze hatte aber noch andere Aufgaben. Ärzten des Altertums diente sie, genau wie den nordamerikanischen Indianern, als Mittel gegen Schlangenbisse. Sie hilft auch bei Wunden, die durch Druck und Reibung entstehen, z.B. bei Bettlägerigen.

Die Blütenröhre ist innen mit Haaren bedeckt, die nach unten stehen. So können Insekten zwar gut reinschlüpfen, kommen aber nicht wieder heraus. Die Behaarung hält sie gefangen.

Hat sich das Insekt lange genug im Kessel bewegt und die Narbe bestäubt, erschlaffen die Härchen, und die mit Blütenstaub bedeckten Insekten können wieder in die Freiheit.

Seit 1981 ist die medizinische Anwendung aller Aristolochiasäure-haltigen Arzneimittel in Deutschland verboten, sie gelten als nierenschädigend und krebserregend.

Vier gelbe Kronblätter, zahlreiche gelbe Staubblätter und ein auffälliger Griffel. Das Schöllkraut zeigt sich nur bei gutem Wetter in seiner ganzen Pracht.

Der helfende, aber auch giftige Saft.

Sehr zeitig im Jahr schiebt das **Schöllkraut** seine gelben Blüten hervor, unter Hecken und vor Hauswänden, an Zäunen, auf Schutthalden und Friedhöfen – überall da, wo genug Stickstoff im Boden ist, in der Nähe des Menschen also. Der aber ignoriert heute diese Anhänglichkeit, geht achtlos an *Chelidonium majus* vorbei. Das war einst ganz anders. Manch einer erinnert sich vielleicht, dass die Oma den orangefarbenen Saft, der aus den Stängeln tropft, auf die Warzen gestrichen hat. Das hilft natürlich auch heute noch, man muss es nur wissen. Aber man sollte auch wissen, dass der Saft ziemlich giftig ist. Zum Glück schmeckt er scharf und bitter, und kein Kind würde daran lecken. Auch Tiere weichen auf der Weide dem Warzenkraut aus.

Der Saft mit seiner ätzenden Wirkung hilft nicht nur gegen Warzen und Hühneraugen. Heute ist bekannt, dass die bakterientötenden und zellteilungshemmenden Eigenschaften die helfende Wirkung ausmachen.

Albrecht Dürer, der berühmte Maler der Renaissance, litt seit einer Reise an Malaria. Die Folge war u.a. eine starke Milzvergrößerung. Er schickte seinem Arzt eine Skizze, auf der er mit dem Finger auf die schmerzende Stelle zeigt. Der Arzt verordnete daraufhin Schöllkraut. Als Dank vielleicht widmete Dürer der kleinen Pflanze ein Bild. Es hängt in der Albertina in Wien.

Noch andere Schöllkraut-Eigenschaften wurden genutzt: die orange Farbe des Milchsaftes zum Färben von Wolle, Stoffen und Leder. Laut einem mittelalterlichen Kräuterbuch ist Schöllkraut sogar zum Haarefärben geeignet: „Schön gel Haar zu machen: Nimm Schellkrautwurtzel sauber gereinigt / und Ferberrothwurzel ... stoße sie zu einem reinen subtilen Pulver."

Schöllkraut ist ein Verwandter des Schlafmohns, die Alkaloide wirken beruhigend und krampflösend. Fast jede Pflanze kann uns dienlich sein, manche aber besonders. Von *Chelidonium majus* jedenfalls gäbe es noch viel zu erzählen, ein ganzes Buch darüber haben der Arzt Karl Daniel und der Apotheker Dieter Schmaltz 1939 geschrieben.

Später als die Frühblüher, aber eher als die meisten anderen Pflanzen treibt das Schöllkraut aus, angeblich mit dem Eintreffen der ersten Schwalben. So jedenfalls deutete der griechische Militärarzt und Pharmakologe Pedanios Dioskurides im 1. Jahrhundert den Namen *Chelidonium*: vom griechischen *chelidon* – Schwalbe. Mit dem Wegzug der Schwalben beginne das Mohngewächs zu welken. Und der römische Gelehrte Plinius der Ältere meinte, die Schwalbe öffne mit dem Saft der Pflanze die Augen ihrer Jungen.

Während die meisten Gewächse im Herbst gehen und im Frühjahr wiederkommen, ist der **Efeu** immer da. Auf dem Gendarmenmarkt hat er sich mehrere alte Bäume ausgesucht. Einen aber scheint er besonders zu mögen, Baum Nr. 58 direkt neben dem Französischen Dom. So innig umschlingt er ihn, dass vom Stamm fast gar nichts mehr zu sehen ist. Sommers wie winters hüllt er den Eschenahorn in einen grünen Blättermantel. Oder besser: Wie ein Handschuh legt sich der Efeu um den Baum. Nur die letzten Enden der Äste ragen in Dachhöhe wie nackte Fingerkuppen heraus.

So hoch also hat es die Kletterpflanze geschafft. Geholfen haben dabei unzählige Luftwurzeln, die sich fest in die Rinde des Auserwählten krallen. Ganz unten, an den dicken Efeu-Ästen, die den Wirt längst losgelassen haben, ragen die nun überflüssig gewordenen kurzen Kletterwerkzeuge dicht an dicht vertrocknet in die Luft. Nur hier kann man den Stamm sehen, ansonsten haften die Wurzelchen so fest am Eschenahorn, dass man den Efeu nur mit Gewalt abreißen könnte. Aber wer wollte das schon versuchen?

Und man könnte denken, der Untermieter richtet den Wirt irgendwann zugrunde mit seinem einnehmenden Wesen, nimmt ihm den Atem, raubt seine Kraft. Aber nein, es ist eine freundschaftliche Umarmung, kein Schmarotzen. Denn Wasser und Nährsalze zieht *Hedera helix* nicht aus dem Baum, sondern unten aus der Erde des Gendarmenmarktes.

Und dass es hier genügend Nahrung für den Efeu gibt, zeigen die vielen Früchte, die im Frühjahr reif sind. Im März und April hängen

Die Samen des Schöllkrauts haben ein fleischiges Anhängsel, an dem sich Ameisen gern bedienen. So sorgen sie für die Verbreitung der Pflanze selbst auf Mauern und in hohlen Weiden.

Die ledrigen Blätter können verschieden aussehen: Beim jungen Efeu sind sie drei- bis fünffach gelappt. Ist er mindestens acht Jahre alt und fühlt sich wohl, werden die Blätter birnenförmig.

Als Heilpflanze war der Efeu schon im Altertum begehrt. Heute werden nur noch Luftwegs-Katarrhe mit seinen Wirkstoffen behandelt. Nachgewiesen sind entkrampfende Eigenschaften.

Die Beeren des Efeus beginnen zum Ende des Winters zu reifen. Sie sind für Menschen giftig.

Efeu ist der einzige „Wurzelkletterer" Mitteleuropas.

Seit dem Altertum wurde der Efeu zur Hausbegrünung genutzt. Er schützt das Mauerwerk vor Hitze, Kälte und schädlichen Witterungseinflüssen.

kugelige Dolden voller schwarzblauer Beeren von oben herab, als willkommenes Futter für die Stadtvögel.

Im Schatten der historischen Bauten kann man gut den Geschichten lauschen, die die immergrünen Blätter erzählen. Da geht es um Weinseligkeit und um Freundschaft, eheliche Treue und anklammernde Abhängigkeit, Ruhm und Tod.

Bei ihren orgiastischen Streifzügen wanden sich der Gott Dionysos und sein lärmendes Gefolge Efeuranken um die Stirn. Die sollten den Weinrausch mildern. Auch die Trinkgefäße waren mit Efeu und Reben umkränzt. Im Tempel der strengen Ehegöttin Hera aber wurde Efeu gemieden, weil er Symbol des trunkenen Weingottes war – und Trunksucht Gefahr für eine gute Ehe.

Im alten Griechenland bekam manch Paar bei der Eheschließung eine Efeuranke. Denn sie stand auch für immerwährende Treue, wegen der unermesslichen Anlehnungsbedürftigkeit der Pflanze. Dichter wurden mit Efeu bekränzt – als Zeichen der Muse. Und die ersten Christen betteten ihre Verstorbenen auf Efeu, denn wer in Christo getauft ist, muss unsterblich sein. Das Symbol der Unsterblichkeit wenigstens ist geblieben. Auch heute umrankt Efeu die Grabsteine. Wohl auch deshalb, weil er niemals im Jahr seine Lebenskraft verliert, ein immerwährendes Grün zur Zierde.

Einst in Gärten und Parkanlagen gepflanzt, ist der Efeu von dort aus verwildert. Vor 150 Jahren noch war er selten in der Stadt. Heute aber umarmt er am Gendarmenmarkt nicht nur Bäume, er windet sich auch an den Metalleinfassungen entlang und erobert Stück für Stück den Rasen. Ein gebührender Platz für *Hedera helix*.

Mythos, Magie und Medizin

„Herzspann rücke dich, mit zwei Fingern kreuzweise bestreiche ich dich …“ – Magie und Heilkunde waren einst eng verbunden, wie der Volkskundler Willibald von Schulenburg es 1882 im Buch *Wendisches Volkstum in Sage, Brauch und Sitte* beschrieb. Ähnliches wurde mit Ähnlichem geheilt. Gegen Asthma sollte ein Sud aus Lungenkraut helfen, dessen Blätter gefleckt waren wie die Lunge des Kranken.

Hexenverbrennung, 1555.

Psychologisch war diese Kombination aus Kräuterextrakt und Ritual äußerst geschickt, wurde doch so ein günstiges Klima für die Gesundung geschaffen, das oft wichtiger ist als die Medizin selbst. Jene, die damals dieses Handwerk beherrschten, nannte man Heilerinnen oder „weise Frauen“. Ihr Wissen gründete sich auf genaue Beobachtungen der Natur. Weitergegeben von Generation zu Generation war es über die Jahrhunderte für viele Menschen die einzige Art ärztlicher Versorgung.

Der Morgentau um den Johannistag am 24. Juni, so wussten die Kräuterfrauen, verleiht blühenden Pflanzen Heilkräfte. Deshalb sollte man sie vor Sonnenaufgang pflücken. Inzwischen haben Wissenschaftler herausgefunden, dass Temperatur- und Lichtschwankungen die chemischen Eigenschaften vieler Pflanzen tatsächlich verändern. So ist die Wirkung von Mohnsamen am frühen Morgen viermal größer als am Abend. Kräuter zum Wahrsagen dagegen wurden um die Mittagszeit gepflückt. Der Hollerstrauch – Schwarzer Holunder – galt unseren Vorfahren als Wohnsitz von Frau Holle, die Haus und Hof beschützt. Deshalb fehlte er auf keinem Gehöft. Seine getrockneten Blüten nutzte man gegen Rheuma und Gicht. Die blau blühende Wegwarte oder Wilde Zichorie soll beim Berühren unwiderstehliche Liebe wecken. Sie galt als Zauberpflanze gegen Pest und überhaupt alle Übel. Der Baldrian beruhigte, zerquetschte Wegerichblätter kühlten Wunden, die Schafgarbe half bei Bauchweh.

Der Kirche war dieses Urwissen unheimlich. Nach der Christianisierung wurden in Europa tausende Kräuterfrauen als „Hexen“ auf den Scheiterhaufen der Inquisition verbrannt. Zwar bekannte Paracelsus, der Wegbereiter der neuzeitlichen Medizin, sein hohes Wissen habe er von den „weisen Frauen“ gelernt. Doch was half’s?

Ihre Erkenntnisse jedoch haben überlebt – in der Naturheilkunde, die in unserer hochtechnisierten Welt eine Renaissance erfährt.

4 Ein Chinese erobert die City

Götterbaum, Robinie, Indisches Springkraut

Zur Zierde von Parks und Gärten kamen sie einst nach Berlin. Heute ist die Exklusivität geschwunden, und mancher Hergeholte wird wieder weggewünscht. Denn die Pflanzen Chinas, Amerikas und Indiens wachsen inzwischen ganz ungeziert und manchmal zu zahlreich in der Stadt.

Die Blätter des Götterbaums werden oft mit denen des Essigbaums verwechselt.

Angenehme Schattenspender sind die **Götterbäume** auf dem großen freien Platz vorm Fernsehturm, mit ihren ausladenden Kronen. Doch wer bleibt schon stehen und sieht sie sich richtig an? Höchstens dass ihr dunkles Grün kurz mal die Turmkugel verdeckt, wenn man auf dem Weg zum höchsten Bauwerk Deutschlands nach oben schaut.

Dabei lohnt es sich, auch zu *Ailanthus altissima* aufzublicken, in ein Feuerwerk an Fruchtbarkeit in manchen Jahren. Dann prangen im späten Frühjahr unzählige Rispen voller unscheinbarer grüngelber Blüten. Gut, dass sie in solcher Höhe hängen, das erspart den Vorbeilaufenden ihren üblen Geruch. Die prallen Fruchtstände, Monate später, sind erst grünlich, dann färben sich die Nüsschen mit den kleinen Flügeln hellbraun bis rot, trocknen und bleichen am Ende aus. Bis in den Winter hinein können sie den „Baum des Himmels“, wie er in seiner asiatischen Heimat auch genannt wird, schmücken.

1,67 Meter lang, 46 Zentimeter breit, 43 Fiederblättchen – das größte bislang bekannte Götterbaumblatt.

Es sieht wie eine Familie aus, was da hinter dem Bahnhof Alexanderplatz an der Gontardstraße steht, in einer Baumscheibe wächst ein kleiner Nachkomme. Kann sein, dass hier ein Samen aufgegangen ist, wahrscheinlich aber wurde das kleine Bäumchen aus den Wurzeln der Eltern geboren. Denn Götterbäume können sich so oder so vermehren, über Samen oder Wurzeltriebe. Sind sie auch deshalb so zahlreich geworden in der Stadt?

Zweihäusig getrenntgeschlechtig, d.h. die männlichen und weiblichen Blüten befinden sich auf verschiedenen Bäumen.

Anderswo, wie am Rheinufer in Basel, wird ihr Wuchern nicht zugelassen, da werden die Stadteroberer entfernt, am besten rausgerissen. Denn „nur“ abgesägt, kommt es schnell wieder zu Stockausschlägen. Auch in anderen Ländern gilt der Götterbaum als aggressiver Neubürger, der, damit er nicht Heimisches verdrängt, immer wieder beseitigt wird.

Das Flugblatt des Götterbaums färbt sich im Laufe des Sommers rot.

Die kleinen Nüsschen im propellerartig gebogenen Flugblatt.

1740 hatte der Jesuit Pierre D'Incarville die ersten Götterbäume aus Asien nach Paris gebracht. Vier Jahrzehnte später wurden sie auch in Berlin angepflanzt. Peter Joseph Lenné fand sie sogar passend für das Palmenhaus auf der Pfaueninsel, ihre gefiederten Blätter konnten neben den Palmwedeln gut bestehen.

Die große Zeit der Neu-Berliner aber kam nach dem 2. Weltkrieg, als die Stadt in Trümmern lag. Vorher hatte es im Zentrum kaum freie Flächen gegeben, alles wurde „ordentlich" gepflegt. Nun aber war Platz genug. Und vielleicht stammt das Götterbaumpaar am Alexanderplatz noch aus der Nachkriegszeit. Dann hätte es mit 60 Jahren eigentlich schon seinen Lebensabend erreicht.

Ailanthus ist ausgesprochen genügsam, ihm reicht trockener Sandboden. Und er hat es eilig: Bis zu drei Meter können seine Triebe in nur einem Jahr wachsen. Schlechte Luft stört ihn nicht, er kann viel verkraften. Und er liebt es warm – da ist eine überhitzte Innenstadt genau das Richtige.

1856 wurde in Wien für eine geplante Seidenindustrie der *Ailanthus*-Spinner eingeführt. Er ernährt sich von den Blättern des Götterbaumes. Aus seinem Kokon lässt sich eine Seide herstellen, haltbarer und billiger als die übliche.

rechts: Junger Trieb am Fuße eines Götterbaumes am Alexanderplatz.

Beim Vorbeifahren stiebt es weiß auf. An Schnee nicht zu denken mitten im Juni. Es sind Blütenreste der **Robinien**. Die weißblühenden Trauben hängen so hoch in den Bäumen, dass man sie kaum wahrnimmt. Nun aber haben die Schmetterlingsblumen ihre Schuldigkeit getan und sind auf die Fahrbahn herabgesegelt. Bald werden sie wohl weggekehrt.

Als Straßenbaum ist die Robinie seit langem beliebt, denn Staub, Ruß, Abgase machen ihr nichts aus, und auch Trockenheit steckt sie gut weg. Hierher gekommen aus Nordamerika aber ist sie aus einem anderen Grund: Man schätzte ihre auffälligen, jasminähnlich duftenden Blüten und wollte mit dem exotischen Ziergewächs Parks und Gärten verschönern. Um 1670 wurde *Robinia pseudoacacia* in den Berliner Lustgarten gepflanzt. Aber zuvor war sie, wie auch der Götterbaum, in Paris gelandet. Der französische Apotheker, Botaniker und Hofgärtner Jean Robin (1550–1629) hatte sie aus Virginia mitgebracht. So wurde er ihr Namenspate. *Pseudoacacia* ist ein Verweis auf die Ähnlichkeit mit den Akazien. Die aber blühen gelb.

In den Mittagsstunden richten sich die Blüten der Robinie auf, nachts klappen sie in „Schlafstellung".

Heute ist die „falsche Akazie" der häufigste Fremdländer in Berlins Innenstadt. Die großen freien Trümmerflächen der Nachkriegszeit waren auch für die Nordamerikanerin ein Segen, anspruchslos und raumgreifend wie sie ist. Aus ihren Wurzeln können sogar noch zehn Meter vom Baum entfernt neue Sprösslinge wachsen, die im Jahr bis zu fünf Meter emporschießen. Aber auch auf oberirdischem Wege wird für Nachwuchs gesorgt. Hat ein Samen erstmal Fuß gefasst, wird das Bäumchen schnell erwachsen, egal auf welchem Boden, auch wenn es nur Sand ist. Bald kann ein kleiner lichter Wald entstehen.

Die flachen Hülsen bleiben lange geschlossen und hängen oft noch im Winter.

Wie alle Leguminosen ist auch die Robinie in der Lage, durch Knöllchenbakterien an ihren Wurzeln Luftstickstoff zu binden, ein Selbstversorger also. Gleichzeitig wird der Boden gedüngt und chemisch verändert. Keine andere Holzart kann binnen weniger Jahre ihre Umgebung dermaßen verändern. So ist diese einstige Zierpflanze mit ihren schönen Blüten zum aggressiven Neubürger geworden.

Ende des 18. Jahrhunderts wurde die Robinie zur beliebten Baumart, weil sie auch auf trockenem Sandboden wuchs. Das Holz ist widerstandsfähig gegen Holzfäule und doch biegsam und fest.

Ganz unterschiedlich und formenreich: das Indische Springkraut mit weinroten, rosa bis weißen Blüten.

Die Seiten der Frucht sind elastisch und rollen sich wie winzige, sich windende Schlangen zusammen. Wenn sie reif ist, schleudert die Kapselfrucht auf den kleinsten Druck hin die Samen wie Gewehrkugeln heraus.

Genau wie das **Indische Springkraut**. In der Wörther Straße im Prenzlauer Berg hat es wohl jemand ausgesät – als zarten Kontrast zu den parkenden Autos? Hinterm Haus der Kulturen der Welt wächst *Impatiens glandulifera* zur Zierde in Kübeln. Wenn die Riesen-Pflanze blassrot blüht, ist Sommer, und die Tische unten an der Spree sind meist gut besetzt.

1839 war das Indische Springkraut aus den Tälern des Himalaja nach England gebracht worden und bald weiter in viele europäische Gärten. Doch die „Bauernorchidee" machte sich davon und wurde bereits elf Jahre später verwildert gefunden. Schnell eroberte sie den ganzen Kontinent.

Wo es ihr gut geht, wird sie mehr als zwei Meter groß. Von dort oben kann sie ihre Samen bis zu sieben Meter weit schleudern. So macht sich das Balsaminengewächs rasant breit. Und auch noch auf anderen Wegen: Durch Klebeausbreitung – oder die Samen wandern im Wasser mit, nicht als Schwimmer, sondern schwebstoffartig treibend im Flusssand oder -kies.

Finden sie ein genehmes Ufer, dann Gnade Gott den anderen Pflanzen. Nicht nur sehr hoch, auch bis zu fünf Zentimeter dick werden die Stängel des Einwanderers aus Ostindien. Ein Verdränger ist er, andere haben neben ihm kaum eine Chance. Ein ganzes Bachbett oder einen Uferstreifen kann er okkupieren. Der intensive, für manche unangenehme Duft, verströmt durch Drüsen am Blattstiel und am Blattgrund, zieht Hummeln magisch an. Und so sind die heimischen Pflanzen, die im Dunstkreis des Riesen-Springkrauts wachsen, auch bei der sexuellen Vermehrung im Nachteil.

Also raus mit dem einst zur Zierde Hergeholten, heißt es z.B. im Bayerischen Wald. Während das hübsche Springkraut hier in der Berliner City gänzlich gesittet die ihm zugewiesenen Plätze verschönt. Wer es wild erleben will, muss ein Stück raus aus der Innenstadt. Im Spandauer Forst am Kuhlaken-Teich wächst es und in den Tiefwerder Wiesen. Im Tegeler Fließtal im Naturpark Barnim steht es, und auch an Zuläufen zum Müggelsee hat es sich breit gemacht.

Die Neubürger

Platane und Kastanie, Forsythie und Flieder – für uns ein gewohnter Anblick im Stadtbild, doch eigentlich sind sie hier nicht ursprünglich beheimatet. Neophyten werden sie von den Fachleuten genannt, was so viel heißt wie Neubürger. Und das ist eine uralte Geschichte. Schon nach der letzten Eiszeit waren viele eingewandert, als es hier ausgesprochen wenige Arten gab. Die jetzige Vielfalt ist also undenkbar ohne die einstigen Fremden.

Heute werden nur noch jene als Neophyten bezeichnet, die nach 1492 zu uns kamen. In dem Jahr, als Christoph Kolumbus Amerika entdeckte, die Welt „größer" wurde, mit überseeischem Handel und Verkehr die Zahl der potenziellen Zuwanderer stieg.

Ganz unterschiedlich sind sie hierher gelangt. Manche wurden bewusst als Zier- oder Nutzpflanzen ins Land geholt, andere wiederum trafen heimlich, als blinde Passagiere mit Waren und Saatgut ein. Vor allem das 19. Jahrhundert eröffnete ihnen mit Dampfschifffahrt und Eisenbahn neue Reisemöglichkeiten.

Von den etwa 1.400 wilden Pflanzen, die gegenwärtig in Berlin wachsen, sind 262 Einwanderer. Durch die große Standortvielfalt hatten sie hier – im Gegensatz zum Umland – gute Chancen, einen passenden Platz zu finden.

Aber droht von ihnen Gefahr? Seit Jahren gibt es einen Disput zwischen Verteidigern des Heimischen und jenen, die im Wissen um die natürliche Dynamik auch Neophyten zulassen wollen. Tatsache ist, die Neubürger spielen eine zwiespältige Rolle. Oft bieten sie Tieren weniger Nahrung als die alteingesessenen Pflanzen. Kommen sie mit dem Klima gut zurecht und haben keine natürlichen Fressfeinde, können sie sich massenhaft vermehren, dabei seltene und gefährdete Arten verdrängen. So behinderte die nordamerikanische Wasserpest im 19. Jahrhundert durch ihr explosionsartiges Wachstum Schifffahrt und Fischerei auf den Berliner Gewässern. Und wer kennt nicht die Horrormeldungen über den hochwüchsigen Bärenklau. Einst wurde er als dekorative Parkpflanze aus dem Kaukasus hier eingeführt. Der Saft seiner Blätter kann Hautschäden verursachen. Und da ist die Ambrosia aus Nordamerika mit den aggressiven Pollenallergenen, die sich in den letzten Jahren rasant ausgebreitet hat. Doch Grund zur Panik besteht kaum. Nur etwas mehr als eine Handvoll der Neubürger macht wirklich Probleme.

Christoph Kolumbus: Seefahrer und Entdecker.

5 Blinde Passagiere

Schmalblättriges Greiskraut, Spitzklettenblättriges Schlagkraut, Wanzensame, Salzkraut

Ost- und Westberliner, man mag es kaum glauben, gab es auch bei Pflanzen. Ihre Wege hierher waren manchmal sehr verschlungen. Von einigen Gewächsen sind sie bekannt, bei vielen nur erahnbar. Vielleicht bleibt der eine oder andere, der auf den Spuren des 2. Weltkrieges den Standort der Reichskanzlei erkunden will, in der Voßstraße mal bei dem unansehnlichen Kraut stehen, das sich am Bauzaun gegenüber herumtreibt. Oder bei den kleinen gelben Blüten ein Stück weiter, wenn er die Geschichten der illegalen Einwanderung kennt.

Das Schmalblättrige Greiskraut blüht und blüht und blüht, vom Frühsommer bis zum Wintereinbruch.

Eine klassische Adventivpflanze: Als blinder Passagier mit Warenimporten eingewandert, wächst das Greiskraut häufig entlang von Bahnstrecken und Straßen.

Im Jahre 1993 wurde in Spandau-Hakenfelde, auf den Gleisen der „Osthavelländischen Eisenbahn Berlin-Spandau AG“, ein merkwürdiges Greiskraut gesichtet. Hatten Herbizide es verändert? Woher sonst kamen die ungewöhnlich schmalen Blätter? Als nur ein Jahr später am Rheinufer bei Düsseldorf ebensolche Pflanzen auftauchten, ergab eine Untersuchung: Es ist *Senecio inaequidens*, das **Schmalblättrige Greiskraut**.

Gute 100 Jahre zuvor schon war die Art zum ersten Mal in Deutschland aufgetaucht, auf dem Gelände einer Wollkämmerei in Hannover-Döhren. Hier wurden Importe angeliefert, auch Schafwolle aus Südafrika. Greiskrautsamen, die sich im Fell der Tiere verfangen hatten, waren wohl mitgereist. Bald tauchten die *Senecio*-Pflanzen mit den schmalen Blättern im Hafen von Bremen auf, in Lüttich ...

Lange blieb unklar, welcher Sippe sie zuzuordnen seien. Oft gab es nur wenige Exemplare am Ort der Einschleppung, unbeständig war das Greiskraut noch dazu.

Die wirkliche „Eroberung“ begann erst in den 1970er Jahren vom Nordwesten her und gebietsweise explosionsartig. Solche Verzögerungen zwischen dem ersten Auftreten einer Art und der starken Ausbreitung sind häufig bei Invasionen. 1993 war das Greiskraut in Berlin angekommen. Sein Vorwärtsdrängen wurde genau beobachtet: entlang der Bahntrassen, an der A2 bei Brandenburg, dann auf der A10, dem Berliner Ring, Teile der Stadtautobahn wurden okkupiert. Die Samen wandern mit

Senecio kommt von lat. senex = Greis, vermutlich, weil die Haarkronen der Früchte an weiße Haare erinnern.

Greiskräuter sind unter den Blütenpflanzen eine der artenreichsten Gattungen. In Berlin gibt es noch das Gewöhnliche Greiskraut oder Kreuzkraut, das Frühlingsgreiskraut und das Klebrige Greiskraut.

dem Wind, aber auch in Reifenprofilen, durch Luftverwirbelungen am Fahrbahnrand. Und Baustellen bieten einen „guten Grund" zum Keimen. Hinzu kam die klimatische Gunst, das Wärmerwerden der letzten Jahren. 2002 gab es mal weniger Greiskraut, aber da wurde auch kaum noch gebaut am Berliner Ring, und der Januar war sehr kalt.

Fachleute haben *Senecio inaequidens* weiter im Blick. Verdrängt die Zugereiste etwa Heimisches? Hier in Deutschland ist man relativ gelassen. In Frankreich und der Schweiz wird es kritischer gesehen, denn das Schmalblättrige Greiskraut dringt in Weinberge und auf Weiden vor. Wenn es sich erst in Getreidefeldern breitmacht wie in seiner Heimat Südafrika? Dort landet das Ackerunkraut schon mal mit in der Brotproduktion, und es kann Vergiftungen geben, denn der ausdauernde Halbstrauch ist für den Menschen nicht bekömmlich.

Massenbestände wie an manchen Autobahnen und Bahnstrecken gibt es in Berlin bisher nicht. Doch in der City scheint es dem Korbblütler zu gefallen – ob um den Potsdamer Platz herum und im Park am Nordbahnhof. Oder auf dem Gleisdreieck, zumindest bevor die vielen Greiskraut-Pflanzen den Baumaschinen weichen mussten.

Wenn beim Blick aus der S-Bahn in Höhe Tempelhof selbst noch im November und Dezember auffällig gelb blühende Büsche vorbeihuschen, so ist das mit ziemlicher Sicherheit *Senecio inaequidens*. Was sonst blüht so lange im Jahr und geht so cool mit Herbiziden um.

Es ist wahrlich keine Schönheit, und ein wenig erstaunlich mag es schon anmuten, wenn sich jemand für das **Spitzklettenblättrige Schlagkraut** interessiert. Unscheinbar die Blüten, unausgewogen die Gestalt. Als es am Bauzaun in der Voßstraße abgelichtet wird, gibt es fragende bis mitleidige Blicke. Doch dann erzählt die Fotografin den Passanten, was es mit *Iva xanthiifolia* auf sich hat, dass die Pflanze ein Kind des Kalten Krieges war, nur hier in Ostberlin wuchs, obwohl sie ursprünglich aus Nordamerika stammt. Ihr Weg führte sie von dort über die Sowjetunion bis in die DDR. Und diese Reisegeschichte macht das Schlagkraut nun doch interessant.

Das Schlagkraut ist meist stark verzweigt, in Bodennähe allerdings kahl.

In die Sowjetunion ist es einst vielleicht mit Weizen aus den USA oder Kanada gekommen. Seit den 1930er Jahren war es dort regelrecht gefürchtet. Es machte sich auf den Feldern der Kolchosen breit, wurde massiv bekämpft. Und dennoch, unausrottbar war das Ackerunkraut, das unvermeidlich mit in der Ernte landete. Als nach dem 2. Weltkrieg und der politischen Teilung Europas Getreide aus Kasachstan und der Ukraine gen Ostblock rollte, fuhr die ungeliebte Pflanze in Eisenbahnwaggons tausende Kilometer mit.

Im Osten Berlins fand es genug freie Stellen und gute Bedingungen, z.B. in Mauernähe wie am Leipziger Platz, wo alles einfach liegen blieb, keiner bauen konnte. Betreten bei Lebensgefahr verboten. Eine gute Nische war das, und das Kraut schoss mannshoch, unbeachtet und umgeben von fast 200 anderen Arten. Eine Pioniervegetation, wie sie in der Innenstadt der Nachkriegsjahre auf abgeräumten Trümmerflächen weit verbreitet war.

Nur mit dem Makroobjektiv sind die graugrünen, behaarten Köpfchen richtig erkennbar.

Inzwischen ist das Wertheimgelände vergeben und das Schlagkraut an den Rand gedrängt. Es gibt noch einige Pflänzchen am Bauzaun. Doch bald wird es eng, dann wird *Iva* hier wohl ganz verschwinden, weil Unkraut neben smarten Neubauten nicht gern gesehen ist. Aber die Stadt wird den Osteinwanderer sicherlich nicht so schnell los, dafür werden die vielen Samenkörner sorgen, die Wind und Ameisen überallhin tragen. Und Brachen gibt es schließlich immer wieder.

Erstmals wurde der **Wanzensame** am Schöneberger Bahnhof gesichtet. Das war 1876. Ein kleines, etwas störrisch wirkendes Pflänzchen, optisch nichts Besonderes. Auf welchem Wege der Bewohner innerasiatischer Steppen nach Berlin kam, ist – wie bei den meisten Einwanderern – nicht bekannt. Er war einfach da. Und im Laufe der Zeit entstand ein ganz spezieller, der Schmalflügelige Wanzensame, *Corispermum leptopterum*, den es nur hier in Europa gibt. Seine Vorfahren lebten vielleicht in der Mongolei. Dort kugeln im Herbst massenhaft vertrocknete *Corispermum*-Pflanzen über das weite Land.

Steppenroller wird das Salzkraut auch genannt oder Purpurroller, wegen seiner roten Stängel.

In Berlin hat der Wanzensame nicht viel Platz zum Herumkugeln. Anders war das nach dem Krieg, als es durch die Zerstörungen weite, offene Flächen gab. Da konnten sich Wanzensame und **Salzkraut**, ein anderer zugewanderter Steppenroller, im Winde richtig austoben, z.B. auf dem aus Kriegsschutt entstandenen Teufelsberg im Grunewald. Dort rollerte *Salsola kali*, auch Steppenhexe genannt, noch in den 1970er Jahren zu Hunderten auf dem Plateau herum.

Nahe beim Hauptbahnhof wachsen beide Einwanderer auf dem „Unkrauthang“ an der Margarete-Steffin-Straße, bescheiden zwischen anderen Sand liebenden Arten. Und vielleicht trägt der Wind die vertrockneten Pflanzenkugeln wenigstens bis zum Zaun hinterm Bundespressestrand.

Berlin wird Metropole

Kaum zu glauben, aber Mitte des 19. Jahrhunderts konnte man Berlin in drei Stunden bequem umwandern. Doch zu jener Zeit war es dann auch bald zu Ende mit der provinziellen Beschaulichkeit. In nur wenigen Jahrzehnten wandelte sich die Stadt so grundlegend wie niemals zuvor. Nicht nur die alte Struktur im Kern verschwand, die Stadt wuchs auch weit über die Zollmauern hinaus.

Hinterhof in Mietskaserne.

Durch Eingemeindung mehrerer Vororte wie Wedding, Gesundbrunnen und Moabit vergrößerte sich die Fläche Berlins um 60 Prozent. Alles veränderte sich. Es war die „Gründerzeit" mit ihrem ungeheuren wirtschaftlichen Aufschwung, durch den Firmengründer scheinbar über Nacht reich werden konnten. Zahlreiche Großunternehmen entstanden wie die Maschinenbauanstalt Borsig, die Elektrofirma Siemens und die AEG. Warenhäuser, Banken und Markthallen schossen empor, neue Straßen und Brücken wurden gebaut, der Nahverkehr mit Straßenbahn und Omnibussen modernisiert. Im Zuge der Industrialisierung strömten immer mehr Menschen, vor allem Landarbeiter aus Brandenburg, in die Stadt, hofften auf Arbeit in den neu entstandenen Fabriken.

Gab es 1816 nur 223.000 Einwohner, waren es 1852 schon mehr als doppelt so viele. Nur 20 Jahre später, Berlin war gerade Hauptstadt des Deutschen Reiches geworden, wurde die Millionengrenze überschritten. Die meisten Berliner wohnten in mehrgeschossigen Häusern mit bis zu fünf Hinterhöfen – den Mietskasernen. Das Baumaterial kam aus der Mark. Insbesondere Ziegel wurden mit sogenannten Kaffenkähnen geliefert. „Berlin ist aus dem Kahn gebaut", heißt noch heute ein geflügeltes Wort. Aber auch Kies, Sand und Kohle wurden per Schiff transportiert. Schon durch die Kanalbauten des 17. Jahrhunderts war die Stadt mit Elbe und Oder verbunden, jetzt kamen neue, wichtige Wasserstraßen hinzu. Der Landwehrkanal sollte die Spree als Transportweg entlasten, der Spandauer Schifffahrtskanal die Route nach Osten verkürzen. Berlin wurde, nach Duisburg, zum zweitgrößten Binnenschifffahrtshafen Deutschlands.

Noch bedeutender für den rasanten Aufstieg zum Wirtschaftszentrum war aber ein völlig neues Verkehrsmittel – die Eisenbahn. Mit ihr konnten schneller noch mehr Massengüter mit dem In- und Ausland ausgetauscht werden. Bereits 1838 wurde die erste Strecke von Berlin nach Potsdam eröffnet. Innerhalb kürzester Zeit entwickelte sich die Stadt zum wichtigsten Eisenbahnknotenpunkt Deutschlands.

6 Als Berliner registriert

Kompasslattich, Pennsylvanisches Glaskraut

Irgendwann ist jede Art von Pflanze in Berlin gesucht, gesehen und erfasst worden, egal woher sie stammt. Erstfund sagt der Botaniker, wenn sie zum ersten Mal an einem Orte ins Verzeichnis kommt. Wie der Kompasslattich, der im Jahre 1787 „offiziell" zu einer Berliner Pflanze wurde.

Als Salat nur mit Vorbehandlung genießbar: die jungen Blätter klein schneiden, Milchsaft herauslaufen lassen, mit Wasser abspülen.

Carl Ludwig Willdenow will es genau wissen: Was alles wächst in Berlin? Die erste Berliner Lokalflora soll entstehen. Auf der Langen Brücke wird der **Kompasslattich** gesichtet und landet auf Seite 250 im *Florae Berolinensis Prodromus*. Das heißt nicht, dass der Lattich vorher nicht da war, doch nun ist *Lactura serriola* festgeschrieben, als eine von 864 höheren Arten in Berlin.

Die Lange Brücke heißt heute Rathausbrücke. Als der Kompasslattich hier gefunden wurde, stand auf dem Mittelpfeiler der Steinbrücke noch das Reiterstandbild des Großen Kurfürsten. Das ist längst weg, nach Charlottenburg gezogen, und auch der Lattich ist verschwunden, die in der DDR gebaute Betonbrücke bot ihm kein Stückchen Nährboden mehr. Aber als gleich nebenan die Schlossruine freigelegt wurde, wuchs er massenhaft am Rande der Ausgrabungsstelle. Aber auch dort musste er weg, für den provisorischen Schlossplatz-Rasen. Macht nichts, Samen gibt es jedes Jahr genug und freie Plätzchen immer wieder.

Auf der Unterseite der Blätter, auf der Mittelader, sitzen kleine Stacheln. Daher auch der andere Name: Stachellattich.

Die trockene Hitze des städtischen Sommers macht dem Lattich nichts aus. Mit einem genialen Trick erreicht er, dass die Mittagssonne nur die Blattkanten trifft. Sie gehen in „Kompass-Stellung": Die Blattfläche steht senkrecht, die Schmalseite zeigt nach Nord-Süd, parallel zur Sonneneinstrahlung. Ein wirkungsvoller Schutz ist das vorm Überhitzen und Verdunsten.

Der Kompasslattich gilt als Stammpflanze unseres Grünen Salats. Wenn der im Garten bis zu einem Meter hochschießt und Blüten bildet, ist die Verwandtschaft gut vorstellbar. Auf den Gedanken, den Salat-Vorfahr zu pflücken, wird aber wohl niemand kommen. Essen kann man ihn zwar, doch nur die jungen Blätter. Die alten sind bitter, zäh – und stachelig.

Früchte des Pennsylvanischen Glaskrauts.

Die Asche dieser Pflanze wurde früher der Emaille beigemischt. Daher der deutsche Name Glaskraut.

Auf der Artenliste der Glaskräuter steht hinter *P. pensylvanica MUHL. ex WILLD.* – ein Hinweis auf den Finder Mühlenberg und den Erstbeschreiber Willdenow.

Von Mai an blühen die Pflanzen ununterbrochen, bis sie durch Frost absterben. Bis dahin tragen die Pflanzen noch junge Blätter und sogar Blütenknospen.

Dicht an die alte Stadtmauer gekuschelt, hat das **Pennsylvanische Glaskraut** hier seinen festen Platz, sicher vor Sonne, Wind und Wetter, nicht immer aber vor dem Rasenmäher.

Den geheimnisvollen Namen sieht man dem Brennnesselgewächs wahrlich nicht an. Versteht ihn aber, wenn man folgende Geschichte kennt: *„Parietaria pensylvanica is a quiet weedy plant except that it prefers a shade and not open ground."* Die Beschreibung, dass es die Unkrautpflanze schattig liebt und kein offenes Gelände mag, kam aus den USA, auf die Anfrage hin, was es denn mit dem Neubürger auf sich habe. Hier in Berlin war die nordamerikanische Pflanze Anfang des 19. Jahrhunderts gelandet. Ein gewisser Herr Mühlenberg hatte einige Exemplare an Carl Ludwig Willdenow geschickt, denn der sammelte inzwischen Pflanzen aus der ganzen Welt und arbeitete an der 4. Auflage von *Species Plantarum*, dem Pflanzenverzeichnis des schwedischen Naturforschers Carl von Linné, in der erstmals jede Art einen zweiteiligen Namen bekommen hatte. Willdenow wollte das Werk erweitern.

Den Glaskraut-Samen aus dem Briefumschlag säte Willdenow im Botanischen Garten in Schöneberg aus und auch im Uni-Garten hinter der neu gegründeten Universität, als Anschauungsmaterial für die Studenten. Aber wie bei vielen Pflanzen – sie bleiben nicht dort, wo man sie haben will. Irgendwann machte sich das Glaskraut auf, Berlin zu erobern. Weit kam es nicht, nur bis zur Königlichen Bibliothek, der heutigen Kommode auf dem Bebelplatz, wo es 1861 gesichtet wurde. Vielleicht aber ist es anderswo nur übersehen worden.

Erst nach dem letzten Krieg wanderte *Parietaria pensylvanica* langsam in weitere Stadtbezirke, aber über Berlin kaum hinaus. Nur aus Potsdam, Dessau und dem polnischen Bydgocz sind Funde bekannt. Nirgendwo anders in Europa, Asien, Australien oder Afrika hat das Pennsylvanische Glaskraut richtig Fuß fassen können. Wo es aber einmal wächst, wie in einer kleinen Kolonie an der Stadtmauer, ist es kaum wieder wegzukriegen. Warum sollte es auch, hier kann es in aller Ruhe ein unbeachtetes Dasein fristen.

Die Floren Berlins

Flora, die römische Göttin der Blumen, ist zugleich Namenspatronin für die gesamte Pflanzenwelt. Aber auch Aufzeichnungen, in denen alle Arten eines Gebietes aufgelistet sind, werden Flora (Plural: Floren) genannt. Seit Kurzem nun gibt es solch ein Verzeichnis für das gesamte Berlin. Fast 2.200 Farn- und Blütenpflanzen sind darin verzeichnet.

Franz Leopold: Porträt Carl Ludwig Willdenow, nach 1812.

Die Idee ist nicht neu. Schon frühzeitig interessierten sich Forscher dafür, was in ihrer Region wächst. Es begann 1578 mit dem Kräuterbuch von Leonard Thurneysser zum Thurn. Knapp 100 Jahre später, 1663, erschien die erste Flora für die gesamte Mark Brandenburg. Verfasser war der aus Frankfurt/Oder stammende Botaniker, Gartendirektor und Hofarzt des Großen Kurfürsten, Johann Sigismund Elßholtz, der „Vater der märkischen Botanik". Sein Katalog der Pflanzen, die „theils in den ansehlichen Kurfürstlichen Gärten der Mark Brandenburg in Berlin, Oranienburg und Potsdam sorgsam angebaut werden, theils überall wild vorkommen", enthält insgesamt 1.451 Arten.

1787 veröffentlichte der spätere Universitätsprofessor Carl Ludwig Willdenow den *Florae Berolinensis Prodromus*, eine Lokalflora Berlins. Auf fast 900 Quadratkilometern hatten er und seine Mitarbeiter 864 Arten entdeckt und erstmals auch deren Fundorte beschrieben. Ein Höhepunkt war 1864 Paul Aschersons *Flora der Provinz Brandenburg, der Altmark und des Herzogthums Magdeburg* mit einem Spezialteil zu Berlin. Sie war ausführlicher und genauer als alles bisher Dagewesene, fasste die bisherigen Erkenntnisse zusammen. Für 1.130 Arten vermerkte er neben der Fundstelle, ob es sich um einen Herbar-Beleg, also gepresste Pflanzen, handelt, ob er die Pflanze selbst gesehen hat, oder wer sonst der „Entdecker" war.

Aber die Pflanzenwelt verändert sich ständig, besonders rasch durch Industrialisierung und intensiv betriebene Landwirtschaft. Die Ergebnisse weiterer Forschungen wurden im 2. Weltkrieg vernichtet, spätere Untersuchungen im gesamten Stadtgebiet durch die Teilung Berlins unmöglich gemacht. Doch 1990 begann die floristische Durchforschung erneut. Jahrelang erkundeten Botaniker, Naturschützer und Interessierte an den Wochenenden ehrenamtlich die heimische Vegetation. Erstmals seit Ascherson entstand so wieder eine Gesamtflorenliste für Berlin – der Verbreitungsatlas.

7 Kulinarisches vom Fußweg

Franzosenkraut, Portulak, Giersch

Wie lange müssen die Fahrräder hier schon ungenutzt stehen, dass sich die Blütenköpfchen so ungeniert zwischen den Speichen tummeln können. Die kleine Kolonie wäre bestimmt längst weg, wenn die Passanten wüssten, wie schmackhaft die Pflänzchen sind.

Die Blüten des Franzosenkrauts: Fünf weiße Zungenblüten mit kleinen Zähnchen umgeben eine Vielzahl kleiner Röhrenblüten.

Franzosenkraut – ein Kraut der Franzosen? Das wäre nahe liegend, denn man kann einen wunderbaren Salat daraus zaubern. Und wo wird der besser zubereitet als in Frankreich, dem Heimatland der Wildkräuterküche. Doch sein Weg zu uns ist viel weiter. Ende des 18. Jahrhunderts wurde das Kleinblütige Knopfkraut, wie es eigentlich heißt, aus den peruanischen Anden nach Mitteleuropa gebracht. Es war die Zeit, da sich die Botanischen Gärten mit Pflanzen aus der ganzen Welt füllten. Die erste Beschreibung von *Galinsoga parviflora* stammte aus Paris. Von dort erhielt der Bremer Lehrer Franz Karl Mertens die Früchte und schenkte sie bald darauf seinem Freund, dem Arzt Albrecht Wilhelm Roth. 1806, so berichtete dieser, verwilderte die Pflanze in seinem Garten. Etwa zur gleichen Zeit machte sich das Knopfkraut auch aus dem Botanischen Garten in Karlsruhe auf den Weg in die Freiheit. Fast explosionsartig breitete es sich aus.

Da waren gerade die Franzosen im Lande, und das Heer Napoleons kam in Verruf, das Unkraut eingeschleppt zu haben. Schnell war der neue Name zur Hand: Franzosenkraut. Und außerdem, ähneln die kleinen Blüten nicht den Knöpfen an der französischen Uniform?

Es gab sogar polizeiliche Verordnungen, zuerst 1865 in Hannover, zur Bekämpfung des Franzosenkrauts. Bei massenhaftem Auftreten kann es die Kartoffelernte mindern.

Das Pflänzchen war weit erfolgreicher als der Eroberer, hat die ganze Welt eingenommen. Kein Wunder, ein einziges kann bis zu 30-tausend Samen produzieren. Die beginnen schnell zu keimen und schon vier Wochen später erscheinen die ersten Blütenkörbchen. So kann es zwei bis drei Knopfkraut-Generationen geben im Jahr. Rausreißen und wegwerfen hilft nicht viel, denn selbst unterentwickelte Samen werden noch reif. Und warum auch wegwerfen? Wildkräutersalat aus Knopfkraut, Bärlauch, Bier und Speck soll ausgesprochen schmackhaft sein.

Die nahe Verwandtschaft des Portulak mit den Kakteen ist gut zu erkennen.

Wenn in den Ritzen der Gehsteige kräftige rötliche Stängel entlangkriechen, dann wird das **Portulak** sein. Nahe am Potsdamer Platz, wo die Voßstraße in die Ebertstraße mündet, hatte er es mal versucht, auch auf dem Pflasterweg am Haus der Kulturen der Welt. Der Kakteen-Verwandte kommt mit vielen Bodenarten klar, ob Acker oder Schutthalde, Straßenrand oder Weinberg. Variabel ist auch seine Gestalt: Er kann kriechen und in die Höhe wachsen.

Einst ein beliebtes Wildgemüse, ist *Portulaca oleracea* heute kaum bekannt. Jahrtausendelang wurde er gegessen, roh oder gekocht, in Kräuterbutter oder Quark. Säuerlich schmecken die jungen Blätter, etwas salzig, nussartig.

Im Spätsommer waren die Ritzen-Kriecher verschwunden. Zum Essen wird sie wohl niemand geerntet haben. Oder?

Auch der **Giersch** lässt es sich nicht nehmen, mitten in der City zu wohnen, besonders zahlreich am Tiergartenrand. Nirgendwo aber erntet er freundliche Blicke, wo ist der Buhmann des Gärtners schon gern gesehen? Versuche, ihn loszuwerden, scheitern meist kläglich, sein kriechender Wurzelstock macht ihn fast unausrottbar. Doch wer seine Geheimnisse kennt, wird ihn mit anderen Augen betrachten. Schon die Neandertaler nutzten ihn. Und Pollenanalysen ergaben, dass *Aegopodium podagraria* auch ein „Gemüse der Eisenzeit" war. Bei Kelten und Germanen sollten neun Zauberpflanzen, die ersten heilkräftigen wilden Kräuter im Jahr, zu denen der Giersch gehört, den Winter aus dem Körper treiben. Ein Brauch, den die Christen übernahmen. So bekam die „Gründonnerstags-Suppe" ihren festen Platz in der Karwoche vor Ostern, mancherorts bis heute. Als Gemüse- und Heilpflanze wurde er im Mittelalter eigens angebaut. In Russland säuerte man die Blattstiele wie Sauerkraut in Bottichen ein. Mittlerweile aber ist eines der ältesten und wohlschmeckendsten Gemüse zu einem verhassten Unkraut geworden.

Vielleicht wird das Doldenblütengewächs ja dereinst wiederentdeckt wie andere Wildkräuter auch. Selbst im Berliner Stadtzentrum kann man seinen Blick für Giersch, Franzosenkraut & Co. schon einmal schärfen.

Viel Vitamin C steckt in den Blättern des Gierschs, eine große Menge an Omega-3-Fettsäuren und eine schleimige Substanz, die gegen Sodbrennen hilft, gegen Gastritis und Verstopfung.

Geschmack der Wildkräuter

Vielleicht lässt Ihnen ihr Anblick nicht gerade das Wasser im Mund zusammenlaufen und vielleicht haben sie Ihre Küche noch nie von innen gesehen – die Wildkräuter. Ist das nicht erstaunlich bei dieser Vielfalt? Rund 500 essbare Wildpflanzen wachsen in Berlin. Und sie sind gesund. Heute, wo Ernährungswissenschaftler Alarm schlagen wegen zu reichhaltiger und zu fetter Kost, sind wir, was ihre wertvollen Inhaltsstoffe betrifft, oft völlig „unterernährt". Sie enthalten Vitamine, ätherische Öle, Mineral- und Bitterstoffe, also eigentlich alles, was wir für unser Wohlbefinden brauchen.

Wer aber kennt schon die „wilden Kostbarkeiten" am Wegesrand? Seit Jahren bietet die Grüne Liga deshalb in jedem Frühjahr Kräuterwanderungen in und um Berlin an, inklusive kulinarischer Tipps: Das Franzosenkraut wird von Mai bis September geerntet. Dabei kneift man einfach die oberen vier Blätter mit den kleinen Blüten ab. Das leicht nussartige Aroma verleiht Rohkostsalaten eine besondere Nuance. Man kann es aber auch wie Spinat zubereiten oder als Gewürz für Gemüsegerichte und Eintöpfe nutzen. Es ist sehr eiweißreich, enthält viel Vitamin A und C und darüber hinaus Kalzium, Magnesium und Eisen.

Der petersilienähnliche Geschmack des Gierschs (s. S. 46) passt ausgezeichnet zu allen Kartoffelgerichten. Vom Frühjahr bis zum Herbst kann man die jungen hellgrünen, leicht gekräuselten Blättchen pflücken. Ihre Hauptinhaltsstoffe sind Vitamin C, Carotin, Kupfer und Mangan. Sie helfen gegen rheumatische Erkrankungen, Gicht und Arthritis. Und weil es so wohlschmeckend ist, hier kurz die Anleitung für einen Giersch-Kartoffelsalat (für eine Person): 3 Kartoffeln, 80 g Gierschblätter, 20 g Sauerampferblätter, 1 kleine Möhre, 2 EL Olivenöl, Meersalz, 6 EL scharfe Tomatensoße. Die Kartoffeln kochen, schälen und in Scheiben schneiden. Die Möhre fein raspeln. Giersch und Sauerampfer klein schneiden und zum Gemüse geben. Olivenöl und Tomatensoße hinzufügen, mit Salz abschmecken.

Die Blätter des Portulak sammelt man von März bis Juni, die Blüten ab Juli. Auch sie enthalten viel Vitamin C, schmecken leicht salzig und erfrischend. Man kann die Blätter wie Spinat dünsten, die Blütenknospen anstelle von Kapern verwenden.

Sind Sie auf den Geschmack gekommen? Wer mehr über die „kostenlose Gesundheit" erfahren möchte, dem empfehlen wir folgenden Kontakt: Grüne Liga Berlin, Elisabeth Westphal, Telefon: 030 443391-0.

8 Pflanzen gegen den Hunger

Lösels und Ungarische Rauke, Nachtkerze, Brennnessel, Topinambur

Raps mitten im Zentrum? Es sieht nur ähnlich aus, was da neben der Bauakademie-Attrappe blüht. Und doch ist der Vergleich gar nicht so falsch. Solch wilde Rauke-Arten waren es, die nach dem Krieg zu Öl wurden. Heute ist es Lösels Rauke, die an allen Ecken und Enden wuchert. Damals war es eine nahe Verwandte, die beim Überleben half.

Die kräftig gelben Kronblätter von Lösels Rauke. Die Blüten der Ungarischen Rauke sind heller.

September 1944. *Sisymbrium altissimum*, die **Ungarische Rauke**, hat sich richtig breit gemacht, nun reifen massenhaft die Schoten heran. Südlich von Berlin wird versucht, die kleinen Samen zu sammeln. Ein mühsames Unterfangen, so leicht wie die schwarzen Körnchen sind. Nach einer halben Stunde ist ein Kilo zusammen. Daraus versucht man in der Tempelhofer Firma Edeleanu, einer Tochtergesellschaft der Deutschen Erdöl AG DEA, mittels Soxhlet-Extraktion mit Hexan Fett zu gewinnen.

Als ein Jahr später im August die Schoten fast reif sind, wird bei der DEA entschieden: Jetzt machen wir richtig was draus. Die Angestellten sammeln in ihrer Freizeit die Samen. Die werden in einer Mohnmühle zerquetscht und mit einer hydraulischen Presse ausgepresst. Man hütet sich, dieses Wissen weiterzugeben. Wo gibt es in diesen kargen Zeiten schon eine bessere Quelle für Pflanzenfett? So wird der Rauke-Samen zwei Jahre lang ohne Konkurrenz geerntet. 20 Prozent des abgelieferten Gewichtes bekommt jeder in fertigem Pressöl. Im Winter 1945/46 werden fast vier Tonnen *Sisymbrium*-Samen verarbeitet, zu einem wohlschmeckenden, hell zitronenfarbigen Öl.

Schoten und Samen von Lösels Rauke.

Sammelversuche gab es auch mit Springkraut und einer Klettenart. Doch mit einem Fettgehalt von 36 bis 39 Prozent war die Rauke im Berliner Raum die bestgeeignete Wildpflanze zur Fettgewinnung. Das sprach sich dann doch herum. 1948 gab die Spandauer Ölmühle bekannt, dass sie Samen des „Wilden Raps" zur Ölgewinnung annimmt.

Wie einfach ist es doch, heute in den Laden zu gehen und Rapsöl zu kaufen. Die vielen gelben Rauke-Pflanzen in der Stadt erinnern an eine andere Zeit.

Auch eine Gelbblühende war es, die in Notzeiten ganz andere Geschmacksnerven traf. Ob sie die auch befriedigte, sei dahingestellt. Die Wurzeln der **Gewöhnlichen Nachtkerze** jedenfalls halfen gut gegen Hunger. Dem Volksglauben nach gibt ein Pfund Wurzeln mehr Kraft als ein Zentner Ochsenfleisch.

„Schinkenwurzeln" werden sie auch genannt. Das klingt zwar appetitlich, ist aber wohl nur ihrer rötlichen Farbe am Wurzelhals geschuldet. Geerntet wird im ersten Jahr, vom Herbst bis ins Frühjahr hinein, wenn sich unter der Blattrosette die kräftige, rübenförmig verästelte Wurzel gebildet hat, die oben bis zu fünf Zentimeter dick werden kann. Am besten bereitet man sie, so wird heute empfohlen, wie Schwarzwurzeln zu und mischt sie mit anderem Gemüse.

Die Wurzel der Nachtkerze ist nur im ersten Jahr nährreich.

Nicht nur in Notlagen besinnen wir uns auf unsere „Wurzeln", auch in Zeiten des Überflusses. Also einfach mal Folgendes probieren: waschen, schaben und in Salzwasser weich kochen. Sind die Wurzeln erkaltet, in dünne Scheiben schneiden, gehackte Nüsse und Äpfel, Öl und Salz dazu – und fertig ist ein Nachtkerzensalat.

Oenothera biennis blüht erst im zweiten Jahr ihres Lebens, dann nämlich wandert die Kraft aus den Wurzeln in die langen Stängel, die von Juni bis August mit gelben Blütenköpfen geschmückt sind.

Die Kronennachtkerze ist in Berlin entstanden und bisher nur hier zu finden.

Nomen est omen. Gegen 18 Uhr öffnet die Nachtkerze ihre Blüten, in fließender Bewegung und oft innerhalb weniger Minuten, so schnell wie das keine andere Pflanze Mitteleuropas kann. Die Kelchblätter reißen mit deutlichem Knistern auf, danach entfalten sich die eingerollten Kronblätter. Der intensive süßliche Duft, den wir als fast aufdringlich empfinden, lockt Nachtfalter an. Sie treffen etwa eine halbe Stunde nach dem Öffnen der Blüten ein, wenn der Geruch am intensivsten ist.

Auch was nach dem Blühen kommt, ist zu gebrauchen: Gerösteter Nachtkerzensamen kann als Kaffee-Ersatz dienen. Die Stängel mit den reifen Fruchtkapseln werden einfach geschüttelt, und der Samen fällt wie himmlisches Manna in ein Tuch.

Heute hat die **Brennnessel** wenige Freunde. Eltern mahnen ihre Kinder, sie nicht anzufassen, weil's brennt. Dabei hat *Urtica dioica* wirklich beachtenswerte Eigenschaften, kann sich nicht nur kraftvoll wehren, sondern auch äußerst nützlich sein.

Die Menschen haben sich immer wieder auf die gesunde Kraft der Widerborstigen besonnen. Und sie war ja auch immer in der Nähe. Ob Hausruinen, Abfall- und Schuttplätze, wo viele Nährstoffe im Boden sind, vor allem Stickstoff, ist die Brennnessel schnell da.

Feinsäuerlich schmecken die jungen Triebe, sind bestens geeignet für einen Salat. Aber auch als Spinatersatz mussten die Blätter herhalten. Suppe aus dem vitaminreichen Kraut wärmte den Magen.

Butter, Fisch und Fleisch wickelte man zum Frischhalten in Bennnesselblätter ein, denn die Wirkstoffe verhindern die Vermehrung bestimmter Bakterien. 1902 wäre das einer Berliner Milchhändlerin fast zum Verhängnis geworden. Man fand *Urtica*-Blätter in ihrer Milch und klagte sie wegen Lebensmittelverfälschung an. Doch es gab Freispruch, mit der Begründung, dass dies ein „allgemein geübtes Verfahren“ sei.

Im Krieg wurden infizierte Wunden auch mit Brennnesselblättern verbunden. Ihre leicht keimtötende Wirkung sollte die Heilung beschleunigen. Ganz zu schweigen von den nützlichen Fasern. Um 1900 war Nesselstoff das „Leinen der armen Leute“. Und auch zum Färben ist die Brennnessel geeignet: Wolle wird durch ihre Wurzeln wachsgelb. Die oberirdischen Pflanzenteile zaubern, mit einigen Tricks, ein kräftiges Graugrün.

Bei Windstille kann man die „Explosionen“ der Blüten beobachten. Die männlichen sehen wie kleine geballte Fäuste aus. Die „Finger“, eingekrümmt und unter Spannung, sind die Staubfäden, die sich plötzlich strecken und ihren Pollenstaub mit einem knackenden Geräusch in die Luft schleudern.

Mit ihrem verzweigten Wurzelgeflecht kann sich die Brennnessel über viele Jahre gegen alle anderen Pflanzen behaupten. Rasenmäher können ihr nicht den Garaus machen, nur Rausrei-

Die Brennnessel ist zweihäusig, d.h. männliche und weibliche Blüten wachsen meist auf verschiedenen Pflanzen.

Die Brennhaare sind lange Röhren, deren Spitze hart und spröde wie Glas ist. Bei Berührung bricht sie ab, und die scharfkantige Bruchstelle bohrt sich in die Haut. Ein ameisensäurehaltiger Saft fließt dabei in die Wunde, die brennt und sich entzünden kann. Der „Fuß“ der Brennhaare ist elastisch. Beim kräftigen Zugreifen werden sie umgebogen, und die Spitzen brechen so ab, dass sie im flachen Winkel nur in die oberen, nicht reizbaren Hautschichten gelangen.

Da Topinambur erst spät blüht, reifen die Samen in unseren Breiten nicht aus. Die „Kleine Sonnenblume" hat also keine Kerne zum Knabbern.

ßen hilft. Doch in den dornigen Hecken auf dem Platz der Republik kommt man nicht an sie heran, hier hat sie gute Chancen auf ein langes Leben. Da wird ihr nur immer mal der Kopf abgeschnitten. Na und?

Tatsächlich, es ist eine Sonnenblume, nur dass man von der einen Art die Kerne isst, von dieser hier die Knollen. Davon erzählen die vielen Namen, die dem **Topinambur** gegeben wurden: Erdbirne und Erdapfel, Erdartischocke und Ewigkeitskartoffel, Indianerknolle und Ross- und Süß- und Zuckerkartoffel. Furzwurzel.

Eher für eine schöne Zierde hält man sie heute, doch dafür ist sie nicht nach Europa gekommen. Während einer Hungersnot in Nordamerika hatte die Pflanze französischen Auswanderern das Leben gerettet. 1610 schickten sie einige der unbekannten Knollen nach Europa, in die „Hauptstadt der Küche", nach Paris – und in den Vatikan, wo Wunder aller Art gesammelt wurden. Die Franzosen nannten sie *topinambour*, nach einem brasilianischen Indianerstamm, der gerade zu Besuch war. Die päpstlichen Gärtner aber gaben ihr den Namen *girasole articiocco*, Sonnenblumen-Artischocke.

Auf dem Speisezettel standen die Knollen weit oben, bis sie Mitte des 18. Jahrhunderts von der Kartoffel verdrängt wurden. Als Reserve für Notzeiten aber waren sie immer gut.

Im Gegensatz zur Kartoffel verträgt die Knolle frostige Temperaturen. Sie schmeckt roh und gekocht.

An den unterirdischen Ausläufern bilden sich im Juli und August längliche Knollen, die reich an Kalium, Phosphor, Kalzium, Magnesium und Eisen sind. Gekocht schmecken sie angenehm nussig, artischockenähnlich und süßlich.

Essen hin, Nutzen her, Topinambur kann auch Probleme machen. Er verwildert gern und verdrängt andere. Aus den Knollen treiben im nächsten Frühjahr neue Sprosse. So kann die „Kleine Sonnenblume", die sich nur unterirdisch vermehrt, in andere Pflanzengesellschaften eindringen, sie regelrecht unterwandern. Und weil Topinambur schnell hoch wächst, mickern andere in seinem Schatten. Doch man schaut ihn gern an, und außerdem: Das einstige Armeleute-Essen kann auch unseren verwöhnten Zungen gefallen.

Die letzten Kriegstage und danach

Es war am Vormittag des 3. Februar 1945, einem Sonnabend. 937 „fliegende Festungen", begleitet von 613 Jagdflugzeugen, bombardierten die Berliner Bezirke Mitte, Kreuzberg, Friedrichshain und Wedding. 2.200 Tonnen Sprengstoff zerstörten zahlreiche Regierungsgebäude, darunter die Reichskanzlei und das Gestapo-Hauptquartier, das Schloss, den benachbarten Dom, Bahnhöfe und Kirchen. Die Charité wurde getroffen, das Rote Rathaus, die Museumsinsel. Es war der schwerste Luftangriff auf Berlin.

Kartoffelernte neben der Siegessäule, 1946.

Alles ging rasend schnell, in nur einer knappen Stunde starben mehrere tausend Menschen. Die Hälfte des Wohnraums sank in Schutt und Asche, rund 120.000 Berliner waren plötzlich obdachlos. Wer den Bombenhagel überlebte, kämpfte nun gegen Kälte und Hunger. Im Frühjahr 1945 brach die Lebensmittelversorgung fast völlig zusammen. Ein Erwachsener bekam Ende März, wenn die Zulieferung überhaupt noch funktionierte, pro Woche anderthalb Kilogramm Brot, ein halbes Pfund Fleisch, 125 Gramm Fett und dieselbe Menge Zucker. Alle drei Wochen gab es 100 Gramm Kaffee-Ersatz, etwas Käse und 225 Gramm „Nährmittel" wie Teigwaren. In einer Richtlinie vom 5. April propagierten die Ernährungsexperten der Nazis „neuartige Lebensmittel" wie Rapsbrot, Baumrinde, Kastanien, Kaffee aus gerösteten Eicheln, Gräser, Wildpflanzen, Wurzeln.

In ihrer Not waren die Berliner erfinderisch. Sie nutzten die unbewohnbar gewordenen Flächen ebenso wie abgeholzte Parks und Plätze zum Anbau dringend benötigter Nahrungsmittel. Im Oktober 1945 erließ der Berliner Magistrat die sogenannte Brachlandverordnung, die landwirtschaftliche Produktion auf allen nicht bebauten Flächen direkt anordnete. Der Umsetzung waren dabei keine Grenzen gesetzt, und so weideten Schafe und Ziegen im Charlottenburger Schlosspark, wuchsen rote Rüben auf dem Olivaer Platz, Petersilie auf der Weißenseer Radrennbahn, die Innenfläche der Mariendorfer Trabrennbahn wurde für den Gemüseanbau parzelliert. Die Erträge auf den ausgelaugten Böden waren allerdings meist enttäuschend, kaum mehr als ein zusätzlicher Happen in die leeren Mägen. Im eisigen Winter 1946/47 zogen dann Hunderte in den Tiergarten, um Brennholz für ihre Öfen zu schlagen. Aus dem Park wurden Schrebergärten. Auf 200 Hektar wuchsen Kartoffeln und Kohl.

9 Von der Brache zur Adresse

Klebriger Gänsefuß, Natternkopf, Wilde Möhre, Steinklee, Rainfarn, Kanadische Goldrute, Landreitgras, Waldrebe

„Fünf Jahrzehnte Brache – jetzt wird gebaut", frohlocken Berliner Zeitungen im März 2008. Das unansehnliche Wertheimgelände auf dem Leipziger Platz soll endlich ein „ordentliches" Stadtstück werden. Lange genug ist es Schandfleck gewesen, eine der letzten Riesenbrachen der Innenstadt, ein Überbleibsel des Krieges. Nun muss auch das Unkraut dran glauben, es könnte das letzte Jahr gewesen sein auf der Sand-Oase in bester City-Lage.

Der Gänsefuß fühlt sich klebrig an, wegen der dichten drüsigen Haare.

Dabei ging es dem **Klebrigen Gänsefuß** so gut auf der abgeräumten Trümmerfläche. Eine Pioniervegetation wie vielerorts in der Nachkriegszeit hatte sich gebildet. Im Jahre 2002 wurden zwischen Wilhelm-, Voß-, Ebert- sowie Leipziger Straße von begeisterten Botanikern immerhin 195 Pflanzenarten gezählt, ein buntes, oft kleinwüchsiges Durcheinander auf kargem Boden. Auf der anderen Seite der Leipziger Straße, vor dem Bundesrat, erfreuen je nach Jahreszeit Azaleen und Hortensien in Riesentöpfen die Vorbeieilenden, umrahmt von Hecken-Quadraten, aus denen kein Zweig zu weit herauswachsen darf. Geformte, ordentliche Natur. Die Unordnung gegenüber, hinter dem Bauzaun, hat nie freundliche Blicke abbekommen. Nun ist es ja sowieso vorbei.

Wegen seines starken aromatischen Geruchs wurde der Klebrige Gänsefuß früher gegen Motten und Küchenschaben eingesetzt.

Doch *Chenopodium botrys* weiß sich zu helfen, ganz will sich dieser Gänsefuß nicht vertreiben lassen. Schließlich ist er eine Berliner Besonderheit und hat es also verdient, eine der feinsten Adressen der Stadt zu bewohnen. So sind seine klebrigen Samen in die Voßstraße gewandert und haben hier tatsächlich einige freie Stellen zum Keimen gefunden. Außer in Berlin wächst er nördlich der Alpen dauerhaft nur noch in Mannheim und auf den brennenden Kohlehalden von Lille in Nordfrankreich, anderswo nur unbeständig. Denn eigentlich kommt er aus weitaus wärmeren Gefilden, trockenen Gebieten des Mittelmeerraumes und Asiens – er braucht es eben sehr warm.

Zum ersten Mal war der Klebrige Gänsefuß 1896 in Berlin bemerkt worden, im Jahr der Berliner Gewerbeausstellung. Seine große Zeit aber kam nach dem 2. Weltkrieg. Das zerstörte

Die Glanzmelde auf dem „Unkrauthang" am Kapelle-Ufer.

Fruchtstand der Glanzmelde.

Zentrum bot ihm alles, was er braucht: sandige Substrate, offene Flächen und Wärme. Plötzlich war da viel Platz für Ruderalpflanzen wie ihn. Ruderal kommt von lat. *rudus*, was soviel heißt wie Schutt, Gesteinstrümmer oder Mörtel. Der Gänsefuß liebt solche Böden. Und außerdem kam ihm zupass, dass es mitten in Berlin mehr frostfreie Tage als im Umland gibt. So machte er sich richtig breit, überzog ganze Trümmergebiete, überall dort, wo es sandig war.

Sein Rückzug beginnt, wenn andere den einjährigen Gänsefuß nicht mehr ans Licht lassen. Dann ist sein Pionierdasein an dieser Stelle beendet. Doch anderswo kann es ja wieder klappen, immer mal werden neue Plätze frei. Wie nahe beim Hauptbahnhof in der Margarete-Steffin-Straße, hinter dem Bundespressestrand. Eine Sandbrache auf Zeit, bis auch hier gebaut wird – oder ihm Gräser, Natternkopf und Goldrute über den Kopf wachsen.

Immer auf dem Sprung müssen die Liebhaber des Rohbodens sein, frische City-Brachen gibt es meist nicht lange. Hinterm Bundespressestrand gefällt es auch der Glanzmelde, hoch schießt sie mit ihren glänzenden dunkelgrünen Blättern und trägt im Herbst imposante Fruchtgebilde. Kleine Kamillen bevölkern den Hang. Die Färberresede blüht hellgelb neben dem sperrigen Wanzensame, der Kleine Orant entwickelt reichlich Samen und eben auch der Klebrige Gänsefuß. Es ist eine ganz spezielle kleine Welt. Ein paar Schritte weiter schon bestimmen ganz andere Gewächse das Bild, dort haben die Rohbodenpioniere keine Chance mehr. Das Erdreich hat sich gefestigt, aus den Pflanzenleichen der letzten Jahre ist Humus entstanden, ein dichteres Wurzelgeflecht durchzieht den Boden. Je länger eine Fläche brach-

Rohbodenpioniere: Kamille (unten), Färberresede (rechts).

liegt, desto größer und höher werden die Pflanzen. Bis Sträucher und Bäumchen hochkommen und nach und nach die farbenfrohen Halbtrockenrasen und Hochstaudenfluren verschwinden lassen. Es ist der Lauf der Natur.

Die Übergänge sind fließend, und irgendwo zwischen „noch sandig" und „schon begrast" wächst der **Natternkopf**, sein leuchtendes Blau verrät ihn schnell. Das Borretschgewächs wird auch Blaustern oder Himmelsauge genannt. Natternkopf aber heißt er, weil die zweispaltige Narbe, die weit aus der Blüte herausragt, der gespaltenen Zunge einer Schlange ähnelt. Auch ohne Schlangenphobie aber sollte man ihn nicht pflücken, denn *Echium vulgare* stachelt recht unangenehm. Die vielen kleinen Härchen lassen die Pflanze grau- bis blaugrün erscheinen.

Die Kronblätter des Natternkopfs sind erst rosa bis violett gefärbt, später werden sie blau bis himmelblau.

Trotz Natternzunge und Borsten – man kann sie essen: im ersten Jahr die Blattrosetten aus schmalen lanzettlichen Blättern, die etwas nach Gurken riechen, im zweiten dann die jungen Sprosse. Das alles wie Spinat hergerichtet, oder nach Einlegen in Öl als Salat. Und die trichterförmigen Blüten sind eine attraktive Garnierung. Erst rötlich, werden die Knospen beim Aufblühen blauviolett. Die Bienen wissen, dass nur die rosa Blüten für sie reichlich Nektar haben.

Wilde Möhre im Park am Nordbahnhof.

Und die Menschen wussten einst, dass die Blätter „wollüstig" machen, zumindest erzählen das alte Kräuterbücher. Es ist – wie bei allen Rauhblattgewächsen – die Kombination von Kieselsäure, Vitaminen und Schleimstoffen, die zellverjüngend auf Knochen und Bindegewebe wirkt.

Die **Wilde Möhre** mit ihren hellen Dolden fällt nicht sonderlich ins Auge. Ihr Geruch ist es, der sie als „Mutter" der Speisemöhre verrät. Am liebsten schiebt sie ihre möhrenartige Wurzel, die allerdings weiß ist, in trockenen durchlässig-steinigen Boden, bis zu 80 Zentimeter tief. Erst im zweiten Lebensjahr von *Daucus carota* wächst der gefurchte Blütenstängel hoch, und von Mai bis in den Sommer hinein ist er von reichlich Blüten gekrönt, die von Unmengen kleiner Käfer und Fliegen besucht werden. In der Mitte der Dolde sitzt ein schwarz-roter

Sukzession ist die Abfolge verschiedener Lebensgemeinschaften an einem Ort: im Idealfall vom Rohboden, dem Initialstadium, bis zum Wald. Die Stadtbrachen bestehen aus einem bunten Mosaik verschiedener Sukzessions-Stadien.

Zur „Erhöhung des Gedächtnisses" gab es im Altertum ein Destillat des Weißen Steinklees.

Der gesellige Rainfarn – ein Gartenflüchtling.

Fleck, die „Möhrenblüte", die die Pflanze gut kenntlich macht. Später dann, bei der Samenbildung, zieht sich die Dolde zusammen und ähnelt einem Vogelnest.

Der **Steinklee** gehört, genau genommen, in das nächste Stadium der Brachen-Entwicklung. Hochstaudenfluren haben schon Jahre wilden, ungestörten Wachsens hinter sich, wie im alten Mauergelände zwischen Springer-Hochhaus und Alexandrinenstraße, wo Mitte und Kreuzberg sich treffen. Nahezu paradiesisch ist heute für unzählige Pflanzen, was einst Todesstreifen war. Die zwei Steinklee-Arten *Melilotus albus* und *Melilotus officinalis* blühen hier kräftig weiß und gelb. Lange Trauben bilden die kleinen Schmetterlingsblumen mit „Klappmechanismus", die gelben duften herrlich nach Honig. So sind sie für Kräuterkissen und Duftsträuße bestens geeignet, aber auch als Zusatz zu Kräuterkäse und Schnupftabak. In Notzeiten war der Gelbe Steinklee sogar Tabakersatz und wurde „Bahndamm, letzter Hieb" genannt. Imker nutzen den Honigklee, wie er auch heißt, gern als Bienenweide.

Die Blättchen, locker über die ganze Pflanze verteilt, ähneln dem allseits bekannten Klee. *Meli* – Honig und *Lotos* – Klee, der wissenschaftliche Name *Melilotus* erklärt sich ganz leicht.

Mit seinem ausgedehnten Wurzelwerk festigt der Steinklee Böden aus Bauschutt, Mörtel und Sand. Das ist gut für den **Rainfarn**. Denn der mag es etwas „deftiger", sandig-lehmig und nährstoffreich. Erkennbar ist er an den strahlenlosen Blüten, die wie kleine gelbe Knöpfe aussehen. Gülden Knöpfle oder Westenknöpfe, nicht verwunderlich also sind die volkstümlichen Namen für *Tanacetum vulgare*. Die dunkelgrünen Blätter sind farnartig gefiedert. Im vollen Sonnenlicht sind sie senkrecht nach Süden ausgerichtet.

Einst galt der Rainfarn als vielseitiger Helfer. Die Zauberpflanze sollte vor Dämonen und unsichtbaren Geistern schützen. Zusammen mit Beifuss wurde Rainfarn in Tierställe gehängt, um die Luft zu reinigen. Weil das Kraut auch nach dem Trocknen noch einen intensiven Geruch hat, hielt es in Schränken und Kommoden Kleidermotten fern. Und dass es auch Wurmkraut genannt wird, weist auf seinen Einsatz bei Wurmerkrankungen, Darmparasiten und Pilzinfektionen hin. Heute wird das nicht mehr praktiziert, auch weil größere Mengen zu Vergiftungen führen können. Eine Brühe aus frischen blühenden Pflanzen aber hilft im Garten immer noch gegen Erdbeerblütenstecher, Milben und Himbeerkäfer, gegen Rostpilz und Mehltau. Auch einen Kräuterlikör kann man aus Rainfan machen.

Die Rainfarn-Pflanze enthält stark riechende ätherische Öle. Manche mögen den kampferartigen Geruch, andere stößt er ab.

Weit größer als der Rainfarn kann die **Kanadische Goldrute** werden. Mit bis zu zweieinhalb Metern ist sie eine unserer höchsten wild wachsenden Stauden. Dabei stammt sie, wie ihr Name vermuten lässt, gar nicht von hier. Mitte des 17. Jahrhunderts kam sie als Zierpflanze aus Nordamerika nach Europa, überwand aber schnell die Gartenzäune. Erstmals verwildert angetroffen wurde sie in Berlin im Jahre 1863. Längst ist *Solidago canadensis* zu einer der häufigsten und bekanntesten Wildpflanzen der Hauptstadt geworden. Was aber ist über sie wirklich bekannt? Dass ihre Blätter bis zu vier Prozent Kautschuk enthalten und sie deshalb versuchsweise angebaut wurde? Dass sie stark harntreibend wirkt und bei Nieren- und Blasenleiden hilft? Dass sie in Europa keine natürlichen Feinde hat, während sich in ihrer Heimat fast 300 Fraßinsektenarten von ihr ernähren?

Die Kanadische Goldrute wird noch heute als Bienenweide kultiviert.

Die Goldrutenart gilt als invasiver Neophyt, als problematischer Neubürger, der sich mit seinen unterirdischen Ausläufern stark ausbreiten und heimische Pflanzen verdrängen kann.

Sei es drum. Man kann *Solidago* auch einfach als das üppige Gelb des Spätsommers genießen. Auf alten Brachen zum Beispiel.

Die sind auch ein Lieblingsplatz für das **Landreitgras**, das oft große Flächen überzieht. Denn seine Wurzelsprosse bilden im Boden einen dichten Filz, der das Eindringen anderer Pflanzen verhindert. Nahe beim Springer-Hochhaus hat sich solch eine Gras-Kolonie breit gemacht. Nur am Rande ranken Brombeeren, klettert die Waldrebe am Zaune hoch. Hier ist Schluss mit der Sukzession, ein Stadi-

Landreitgras.

um, aus dem kein Wald entstehen kann, weil selbst Baumkeimlinge keine Chance haben gegen das Landschilf, wie *Calamagrostis epigejos* gern genannt wird.

Auch hier wird irgendwann eine Baustelle aufgemacht, die „gewachsene" Erde abgetragen und nichts erinnert dann mehr an den Kampf der Pflanzen um ein passendes Plätzchen im Herzen der Hauptstadt.

Sie aber, die **Waldrebe**, wird es schaffen und nie verloren gehen im Großstadtdschungel. Ihre Früchte, das sind Nüsschen mit langen, wie gefiedert wirkenden Haaren, fliegen als grauweiße Büschel umher und suchen neue, möglichst stickstoffreiche Stellen zum Keimen. Und dann fängt die Pflanze an zu klettern, dabei umklammern die Blattstiele ihre Stützen, ob Zaun oder Baum, die Stiele sind die Kletterwerkzeuge. Bis in die höchsten Wipfel kann sich die Liane hoch hangeln. Da die verholzten Stängel sehr weite durchgehende Gefäße haben, waren sie früher bei Jungs für die ersten Rauchversuche begehrt. Armstark können die Stämme werden.

Blühende Waldrebe.

Auch für *Clematis vitalba* haben sich die Menschen schöne Namen ausgedacht. Hexenzwirn z.B. erinnert an die auffallenden federartigen Flugorgane. Herrgottsbart, Frauenhaar – und Waldstrick: die zähen, strickähnlich aussehenden Stängel wurden tatsächlich verwendet zu mancherlei Bindezwecken und auch für Flechtwerk.

Eigentlich gehört die Rebe des Waldes in das Endstadium der Sukzession. Doch in der Stadt lebt eben alles irgendwie auch nebeneinander. So kann man an vielen Zäunen wie am „Berliner Ballon- und Mauergarten" Wilhelm-, Ecke Zimmerstraße, nicht weit vom Checkpoint Charlie, den Waldpionier in voller Pracht erleben. Im Spätsommer sogar mit den stark duftenden weißen Blüten und den grauhaarigen Fruchtständen an ein und derselben Pflanze, den „Federschweifiliegern", die den Winter hindurch bis in das nächste Frühjahr verharren, wenn kein starker Wind sie durch die Straßen weiter trägt ...

Die Früchte der Echten Waldrebe.

Stadtökologie

Das sogenannte „tote Auge" von Berlin, das Gebiet mitten in der Stadt, in dem 1945 mehr als die Hälfte aller Gebäude zerstört worden waren, umfasste etwa 25 Quadratkilometer. Auch der Potsdamer Platz mit dem Gelände des ehemaligen Personenbahnhofs gehörte dazu. Nach dem Bau der Mauer lag er im Niemandsland der getrennten Stadt, bis er mehr als zehn Jahre später durch Gebietsaustausch zu einem Teil Westberlins wurde.

Das war eine einmalige Chance, und einer, der sie zuerst erkannte, war Herbert Sukopp, Professor am damaligen Institut für Angewandte Botanik der Technischen Universität Berlin. In mehr als zwei Jahrzehnten, unberührt von jedem menschlichen Eingriff, hatten sich dort Pflanzen angesiedelt, die die Fachleute staunen ließen. Niemals zuvor war die Vegetation einer Stadt auf einer solch großen Fläche genau untersucht worden. Bedingt auch durch die eingeschlossene Lage Westberlins stürzten sich die Forscher auf das unverhoffte Betätigungsfeld. 176 Arten von Farn- und Blütenpflanzen wurden damals auf dem Gelände entdeckt. Auf dem Schotter der Gleisanlagen dominierten Birken, Salweiden wuchsen in den Mulden der Ziegelhaufen. Daneben verblüfften zahlreiche Exemplare der Waldkiefer.

Unter den Erstbesiedlern analysierten die Experten einen großen Anteil von Neophyten, Neubürgern. Trümmerflächen sind wärmer und trockener als natürliche Standorte und bieten so Pflanzen aus heißeren Gebieten der Erde idealen Lebensraum.

Damals wurde der Begriff „Stadtökologie" geprägt und einer seiner Begründer in Berlin war Herbert Sukopp. Das 1974 geschaffene Fachgebiet Ökosystemforschung und Vegetationskunde wurde bis zu seiner Emeritierung im Jahr 1996 von ihm geleitet. Die systematischen Untersuchungen der Pflanzen im Zusammenhang mit Boden, Klima, Niederschlag ließen immer deutlicher erkennen, dass Städte wie Berlin einen Flickenteppich aus unterschiedlichen Lebensräumen darstellen, die von charakteristischen, regelmäßig wiederkehrenden Arten besiedelt werden. Heute sind Sukopps wissenschaftliche Erkenntnisse die Basis für Umweltverträglichkeitsprüfungen in der Landschafts- und Stadtplanung.

Herbert Sukopp, 1972.

10 Die Halbwilden

Wilder Hopfen, Wilder Wein

Wie oft wird er verflucht, wenn er Zäune verunstaltet, andere Pflanzen umschlingt und zu erdrücken droht. Auf einer Beliebtheitsskala der Pflanzen würde der Wildgewordene wohl recht weit unten landen. Dabei hat er einst für gute Stimmung gesorgt.

Die zarten Triebspitzen des **Wilden Hopfens** legen sich um die glatten Schilfhalme. Wie sie da nur Halt finden können? Es sind Kletterhaare, feine Widerhaken, die ein Abrutschen verhindern. Hier, im Regenwasser-Sammelbecken kurz vorm Mauerpark, geht es nicht hoch hinaus. Anderswo können die Windesprosse bis zu sechs Meter erklimmen, egal ob ein Baum oder Betonmast als Stütze dient. Immer rechts herum wird gewunden – und dies ausgesprochen schnell, eine „Umdrehung“ dauert nur etwa zwei Stunden. Aber sie haben auch nur eine Vegetationsperiode Zeit, doch aus den weit verzweigten unterirdischen Sprossteilen schiebt der Hopfen im nächsten Jahr viele neue kletterwütige Triebe. Die Wuchernden wütend abzureißen, macht also nur kurzfristig Sinn.

Den langen Metallzaun um das verwahrloste Grundstück nahe der Moltkebrücke darf der Hopfen seit Jahren okkupieren. Im dunkelgrünen Blättermeer des Spätsommers hängen unscheinbare männliche Blütentrauben. Anderswo leuchten hellgrüne Zäpfchen. Es sind verwachsene Nebenblätter, die die weiblichen Blüten zur Reifezeit völlig verdecken. Darunter finden sich Drüsen mit Lupulin, einem scharf riechenden, bitter schmeckenden Stoff, dem sogenannten Hopfenbitter. Das gibt dem Bier Würze und seine Haltbarkeit. Die antiseptische Kraft übrigens wurde zuerst entdeckt. Hildegard von Bingen beschrieb sie im Jahr 1153: „putredines prohibet in amaritudine sua“ – seine Bitterkeit verhindert die Fäulnis.

Den Siegeszug aber, der ihn auch nach Berlin führte, verdankt der Hopfen seiner Würze. Ende der 18. Jahrhunderts wurde er sogar aus Berliner Hopfengärten exportiert. Die waren dort angelegt worden, wo es der Pflanze besonders gut gefällt, an feuchten Stellen wie in Auen und Erlenbruchwäldern.

Die gelben Becherdrüsen der zapfenartigen Blütenstände enthalten Lupulin. Das wird als goldgelbes Hopfenmehl dem Bier zugesetzt, zaubert den etwas bitteren, typischen Geschmack und verleiht dem Getränk Haltbarkeit.

Die Frühjahrstriebe, der sogenannte Hopfenspargel, können roh oder gekocht gegessen werden, eine Delikatesse.

Die Positiv-Liste des Hopfens ist lang: Bierwürze und Bakterientöter, Konservierungs-, Beruhigungs- und Betäubungsmittel. Er beugt gegen Krebs, Karies und Knochenschwund vor.

Der kletterfreudige Dreilappige.

Der farbenfrohe Fünffingrige.

Wilder Wein am Kanzleramt.

Die Saugscheiben verkitten gleichsam mit der Unterlage. Fast ähneln sie den Füßen eines Laubfrosches.

Auch wenn die heimischen Hopfengärten allesamt eingingen, *Humulus lupulus* ließ sich nicht mehr aus der Stadt vertreiben. Denn er passte sich an: War er früher an Feuchtgebiete gebunden, wächst er heute überall – auf Lehm, auf Sand, auf Trümmerboden. Fehlt in keiner Grünanlage, wuchert auf Spielplätzen und Friedhöfen, ein wild gewordener Berliner eben.

Wie langweilig wäre die Fassade des Kanzleramtes ohne den **Wilden Wein**, der sich im Herbst dunkelrot färbt, wie kahl die Mauer entlang des Kanzlergartens ohne das kletternde Grün. Man hat *Parthenocissus quinquefolia,* den Fünffingrigen, und die Dreispitz-Zaunrebe, *P. tricuspidata,* wohl ausgewählt, um grauen Beton verschwinden zu lassen. Der Dreilappige kommt zudem sehr hoch hinaus, gut für's massige Kanzleramtsgebäude. Es sind kräftige Haftscheiben, die das möglich machen und die es mit fast jeder Oberfläche aufnehmen. In Österreich wird er deshalb „Mauerkatze“ genannt. Neben dem Efeu ist der Wilde Wein des Deutschen liebstes Kind in der Fassadenbegrünung, ein Selbstklimmer, der keinerlei Hilfe braucht.

Auch auf mancher Mauer kriecht wildgewordener Wein entlang, umschlingt sie liebevoll und bietet im Spätsommer seine kleinen dunkelblauen Beeren dar, den Vögeln zum Fraß. Wir würden sagen: ungenießbar, verwöhnt von den großen saftigen Weinbeeren aus dem Supermarkt.

Anderswo in Berlin schmecken die Beeren weit besser. Wer im Prenzlauer Berg am Ende der Straßburger Straße zum Wasserturm hochsteigt, erlebt die Wiedergeburt einer jahrhundertealten Tradition. Von oben schweift der Blick über mehrere Weinreihen, die 2004 am Südhang der kleinen Erhebung gepflanzt wurden. 40 Rebstöcke vom „Wiener gemischten Satz“, der aus Grünem Veltliner, Grauburgunder und Riesling besteht. 2009 soll zum ersten Mal geerntet werden, für einen Heurigen vielleicht. Ganz in der Nähe, im Volkspark Prenzlauer Berg, reifen Beeren auf 2.500 Quadratmetern und werden zur Marke Berliner Riesling. Auch im Park am Weinbergsweg und am Fuße des Kreuzberges wird im Kleinen wieder angebaut. Prost also, Berlin.

Weinberge und Hopfengärten

Blick vom Wollankschen Weinberg um 1845.

Ein Winzerfest am Weinbergsweg? Das könnte es nach langer Pause bald wieder geben. Noch immer erinnern Namen von Straßen und Stadtbezirken an den einstigen Traubenanbau. Da gibt es die Weinmeisterstraße in Mitte, den Kreuzberg im Viktoriapark, der einst kurfürstlicher, später königlicher Weinberg war, und natürlich den Prenzlauer Berg. Das hügelige Gelände trug im 19. Jahrhundert noch den Ottoschen Weinberg, gegenüber erhob sich der Lessmannsche, einer der ältesten. 1565 besaß Berlin mit seinen nur 12.000 Einwohnern immerhin 96 Weinberge und -gärten.

Besonders hoch hingen die Trauben nicht, denn nur 60 Meter ragt der Moränenhügel des Barnim empor, die Anhöhe des Teltow ist sogar noch etwas niedriger. Dennoch, viele hundert Liter Wein wurden jährlich gekeltert und der kurfürstliche Leibarzt Johann Sigismund Elßholtz berichtet vom „gelblichen Schönedel von lieblichem Geschmack". Andere Sorten waren der Blankwelsche, der süße, kräftige Rehfall, der Rüßling, Rot-Welsch oder der Schillernde Traminer. Sie wurden nicht nur in der Stadt gern getrunken, sondern sogar nach Sachsen, Thüringen, Österreich, die Schweiz und ins Rhein-Moseltal exportiert. Kalte Winter und der eisige Frost 1740 aber vernichteten zahlreiche Rebstöcke. Missernten und Getreidemangel ließen aus vielen Weingärten Äcker werden. Nach und nach verblasste die Erinnerung an den heimischen Wein und seinen Geschmack.

Berlin hat zudem eine lange Biertradition. Bereits im Spätmittelalter wurde der dazu benötigte Hopfen in der Stadt und auf den benachbarten Feldmarken angebaut wie z.B. dem Hoppegarten. Eine typische Berliner Wortverstümmelung: Der Name „Pferderennbahn Hoppegarten" kommt nicht, wie man vermuten könnte, von „Hoppe, hoppe, Reiter", sondern vom dort gelegenen Hopfengarten. Wurde das Bier zunächst noch von den Bürgern hergestellt, übernahmen im 19. Jahrhundert Brauereien das Geschäft. Den benötigten Hopfen bezogen sie nun – weil er billiger war – aus Süddeutschland. Schon bald entwickelte sich, wenn auch ohne Hopfen, eine Spezialität, die Berliner Weiße. Ein säuerlich obergäriges Getränk aus Weizenmalz und Gerste gebraut, das schnell zum Lieblingsgetränk der Berliner wurde. Die Besatzungssoldaten Napoleons lobten sie gar als „Champagner des Nordens".

11 Mittelmeer-Flair

Rucola, Kleines Liebesgras, Sommerflieder,
Gottesanbeterin

Wer kann die große Schar der feinen Ristorante in Berlin noch zählen? Wenn die Wirte wüssten, dass Rucola direkt vor ihrer Nase wächst ... Die Wärmeinsel Berlin nämlich gibt auch südländischen Pflanzen eine neue Heimat. Probieren Sie mal! Ein Blatt zwischen den Fingern reiben oder dran knabbern – es ist tatsächlich der italienische Modesalat.

Nicht gerade mitten in der Stadt, sondern von sauberen Standorten sollten die Rucola-Blätter für den Salat geerntet werden.

Fast auf Schritt und Tritt begegnet man **Rucola**, von einzelnen Pflanzen am Fahrbahnrand bis zu Massenansammlungen wie unter der Gerüst-Attrappe am Leipziger Platz. Ursprünglich ein Bewohner des Mittelmeerraumes und recht wärmebedürftig, scheint *Diplotaxis tenuifolia* die Berliner Innenstadt wirklich sehr zu mögen.

Die kleinen gelben Blüten fallen beim Vorbeilaufen mehr auf als die bekannten schmackhaften Blätter. Kein Wunder also, dass Rucola unerkannt bleibt – und wer würde den Schmalblättrigen Doppelsame, so sein deutscher Namen, auch mitten in der Stadt vermuten? Viele Nährstoffe, viel Kalk und viel Wärme, alle seine Ansprüche werden hier erfüllt. Und so gibt es stellenweise bis in den Oktober hinein regelrechte Invasionen der Stinkrauke, wie die Pflanze auch genannt wird. Freundliche Farbtupfer in der dann längst herbstlich gestimmten Stadt. Doch auch wer sie erkennt, vom Straßenrand sollte man die Rucola aber doch lieber nicht essen.

Die kleinen schwefelgelben Blüten der Rucola sind von Mai bis Oktober überall in der City zu finden.

Das **Kleine Liebesgras** hängt fest in den Mauerritzen am neu gebauten Spreeweg und trotzt der prallen Sonne. Wie halten die zarten Pflänzchen das nur aus? Auch sie kommen ursprünglich aus dem Gebiet des Mittelmeeres und wurden in die ganze Welt verschleppt. Die „Wärme-Gene“ sind natürlich mitgewandert. Erkennbar ist das Kleine Liebesgras an seinen Ährchen, die ein bisschen an geflochtene Zöpfe erinnern.

Auf sandigen Brachen wie an der Kommandantenstraße schießt *Eragrostis minor* in Büscheln so in die Höhe, dass selbst Fachleute staunen. Ein ganz offensichtlicher Wohlfühl-Effekt im überhitzten Zentrum.

Kleines Liebesgras an der Kommandantenstraße.

Der Sommerflieder blüht von Juli bis September. Die elegant überhängenden Blütenrispen gibt es auch in Weiß, Blau oder Rosa.

In den 1960er und 1970er Jahren, der Hoch-Zeit stadtökologischer Untersuchungen, wurde an 1.000 Stellen der Grad der Überwärmung der Innenstadt gemessen. Das Ergebnis: Krimlinden blühen hier zehn Tage eher als an der kältesten Stelle im Grunewald.

Sommerflieder – schon der Name strahlt Wärme aus, und sein Anblick wärmt das Herz. Er wächst auch da, wo man die eigentliche Gartenpflanze gar nicht vermutet, auf Brachen und in Baulücken. Im Berlin der Nachkriegszeit wurde er als billiges Gehölz gern in die Außenanlagen von Siedlungsbauten gepflanzt, schön wie er ist, duftend und noch in voller lilafarbener Pracht, wenn andere Ziersträucher schon längst verblüht sind.

Es sind Verwilderungen, die wir heute in der Innenstadt treffen. *Buddleja davidii* reicht ein Stück sandigen trockenen Bodens. Sein großes Licht- und Wärmebedürfnis aber muss befriedigt werden, sonst verschwindet er. Doch warum sollte er? Der „Glashauseffekt" der Metropole kommt ihm gerade recht, fast ist es hier wie in seinen tropischen und subtropischen Heimatländern.

Den allerbesten Beweis aber, dass die deutsche Hauptstadt eine Wärmeinsel ist, liefert ein Tier. Die **Gottesanbeterin** kann als eingebürgert gelten, so viele Generationen wie sie hier schon hervorgebracht hat. Denn alt werden die Fangschrecken nicht: Das kleinere Männchen stirbt bald nach der Paarung. Und das Weibchen, hat es seine Eiablagepflicht getan, lebt gerade mal bis in die kalten Herbsttage.

Ins Schöneberger Südgelände ist *Mantis religiosa* vielleicht per Zug gekommen, vielleicht hat sie jemand ausgesetzt, die Fachwelt streitet. Egal. Seit 20 Jahren hält die Gottesanbeterin ihrem Biotop auf dem ehemaligen Güterbahnhof die Treue. Hier, zwischen Basaltschotter und alten Gleisen, klebt sie im Spätsommer ihre Oothek, 60 bis 100 Eier in einer Schaummasse, an Grashalme oder rostiges Metall.

Im Mai oder Juni schlüpfen die Larven. Sie ernähren sich von Blattläusen und kleinen Fliegen, die sich nur bewegen, wenn es warm und trocken ist. Nur dann können sie von den Mantis-Larven wahrgenommen und auch verspeist werden. Wärme ist für die Gottesanbeterin also überlebenswichtig.

In Mitteleuropa lebt sie eigentlich nur bis zum 51. Breitengrad. Berlin auf fast 52 1/5 Grad nördlicher Breite ist weit und breit die Ausnahme – weil hier eben so ein „heißes Pflaster" ist.

Berlin als Wärmeinsel

Wer im Frühjahr mit dem Auto oder der Bahn vom Stadtrand in Berlins Zentrum fährt, macht eine erstaunliche Entdeckung: In der City grünt und blüht es eher. Schon seit mehr als 100 Jahren weiß man, dass es in großen Metropolen wie Berlin wärmer ist als im Umland. Bis zu zehn Grad Temperaturunterschiede wurden bereits gemessen. Doch woran liegt das?

Eigentlich ist es ganz einfach. Die Gebäude und Straßen speichern die Wärme des Tages besser als beispielsweise eine Wiese oder der Wald. Beton und Asphalt laden sich wie ein gewaltiger Akku auf und geben die Wärme nachts wieder ab. Kraftwerke, Lüftungsschächte und der Straßenverkehr heizen die Stadtluft zusätzlich auf. Je dichter die Bebauung, desto mehr Wärmestrahlung dringt in höhere Schichten, und der kühlen nächtlichen Luftströmung bleibt der Weg versperrt. „Wärmeinseleffekt" nennen Klimatologen dieses Geschehen.

Die Berliner Innenstadt zählt mit einer Jahresdurchschnittstemperatur von 10,5 Grad zu den wärmsten Orten in Deutschland. Allerdings ist Berlin mit mehr als 400-tausend Bäumen auch die grünste unter Europas Hauptstädten. Zahlreiche Parks wie der Tiergarten oder der Friedrichshain sind nicht nur kälter als die Umgebung, sondern senken auch über ihre Grenzen hinaus die Temperaturen, bringen Frische in benachbarte Wohnviertel. Aber auch größere Gleisanlagen und Brachen sorgen für solch einen „Kühlschrankeffekt", ebenso begrünte Dächer, Fassaden, Höfe. Die Blätter der Pflanzen spenden Schatten und geben bei der Fotosynthese Wasser ab, was als Verdunstungskälte für angenehme Kühle sorgt.

Ein dichtes Netz von Messstationen überzieht Berlin. Meteorologen und Mitarbeiter der Senatsverwaltung für Stadtentwicklung erarbeiten gemeinsam Klimakarten für einen Umweltatlas. Daran können Planer erkennen, wie möglichst viel verträgliches Stadtklima erhalten oder geschaffen werden kann. Allerdings nur, wenn sie wollen. Denn Gesetz ist es nicht. Und gerade bei Prestigeobjekten wird das Klima gerne ignoriert. So unterbrach die Bebauung am Potsdamer Platz eine wichtige Kaltluftschneise aus dem Süden.

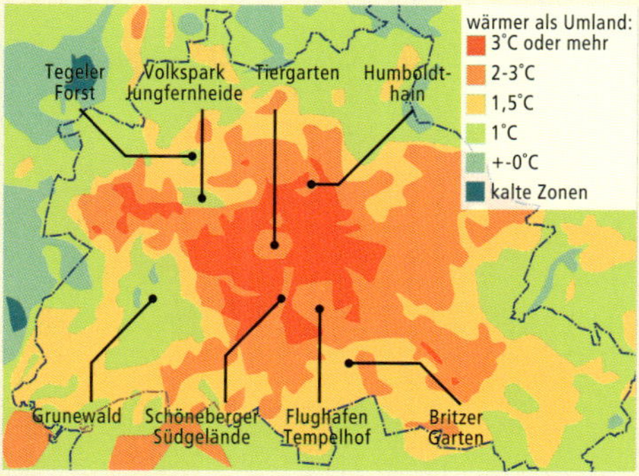

Klimakarte Berlin: Grüne Oasen sorgen für Abkühlung.

12 Rettung im Eimer

Gottesgnadenkraut, Guter Heinrich, Dorniger Schildfarn

Durch das Regierungsviertel zu schippern, ist eine besonders entspannte Art, das politische Herz Deutschlands zu erobern. Die Lautsprecherstimmen auf den Spreeschiffen lenken den Blick von einem bedeutsamen Gebäude zum nächsten. Unter einem gläsernen Übergang geht es hindurch, der zwei Bundestagsbauten verbindet: die Parlamentsbibliothek am Schiffbauerdamm und das Paul-Löbe-Haus. Hier am Reichstagsufer windet sich der Uferweg wie eine Schlange aus Beton. Pflanzen haben da kaum eine Chance. Das war mal ganz anders.

Das Gottesgnadenkraut wurde einst häufig genutzt, gegen Leber-, Milz- und Hautleiden zum Beispiel.

Anfang der 1970er Jahre. Der Botaniker Walter Stricker durchstreift die Uferböschungen nach seltenen Arten und notiert: „Das ‚interessanteste' Wiesenstück im Bereich des früheren Stadtzentrums ist unzweifelhaft der Spree-Uferhang nahe dem Reichstag. Hier wächst *Gratiola officinalis*, das **Gottesgnadenkraut**, zwischen Kriechweiden, Pracht- und Heidenelken." Auf seiner Pflanzenkartei stehen auch Betonie und Färberscharte, Alant, Sumpfschafgarbe, Kreuzblümchen, Wiesenknopf, Nördliches Labkraut, Vierkantiges Johanniskraut, Kreuzkraut, Thymian, Zittergras, Glockenblume, Odermenning, Margeriten. Er ist begeistert: „Solch eine charakteristische Artenkombination der Pfeifengraswiesen würde andernorts wohl zum Antrag auf Unterschutzstellung ... führen. Mir ist auch z. Zt. keine Berliner Wiese mit einer solchen Konzentration von Selten- und Besonderheiten auf so engem Raum bekannt ... Das Gottesgnadenkraut, das wir sonst in Berlin nur von sehr sumpfigen Stellen kennen, ... steht am Reichstag etwa in der Mitte des mehrere Meter hohen Abhangs und sogar noch etwas darüber in mindestens drei voneinander entfernten starken Gruppen."

Die Blätter sind kreuzgegenständig angeordnet.

Doch das Gottesgnadenkraut wird über die Jahre immer spärlicher, und so schreitet Walter Stricker zehn Jahre später zur Tat. Er packt ein paar Ableger ein, nimmt sie mit nach Hause und pflanzt sie auf seinen Balkon in Neukölln. Hier sind sie erstmal sicher. Werden in einem Eimer mit der Sumpfwolfsmilch zusammengesperrt, der Letzten ihrer Art, die er im Spandau-

Das Spreeufer heute.

er Forst gefunden hatte. Immer genügend Wasser im Eimer – vielmehr muss er nicht tun. Hat vor, beide später wieder an geeigneter Stelle auszusetzen.

Als Stricker stirbt, scheinen die Eimerbewohner verwaist. Der Sohn überlässt die Raritäten einem Pflanzenfreund. So wandern sie zur nächsten „privaten Erhaltungskultur".

Doch beim Umzug des neuen Besitzers wird es zu eng in der Wohnung, kein rechter Platz mehr für den Eimer. Da bleibt nur der Botanische Garten. Denn dort gibt es eine „Pflegestation", ein Stückchen Land für Patienten zum Wiederaufpäppeln. Aus aller Welt werden bedrohte Pflanzen nach Dahlem geschickt.

So wackelt denn der Eimer 2002 im alten Peugeot-Bus quer durch Berlin zur neuen Adresse Unter den Eichen, wo die gut gemeinte Gefangenschaft ein Ende findet. Gärtner Michael Meyer nimmt die Pflänzchen entgegen, sie kommen in ein Wasserbecken. Anfangs sieht *Gratiola officinalis* hier recht verloren aus. Michael Meyer schaut jeden Tag, ob die Wurzeln auch im Wasser stehen und füllt nach. Jahr für Jahr geht es dem Kraut besser, es macht sich immer mehr breit im ihm zugeteilten Quadrat und quillt irgendwann über den Rand. Sollte es nicht wieder freigelassen werden? Die Gosener Wiesen in Köpenick, am südöstlichen Rande der Stadt, wären geeignet. Es ist das größte Berliner Naturschutzgebiet, und bis vor wenigen Jahren wuchs es hier noch, das Kraut von Gottes Gnaden.

Seit 1980 gibt es in Dahlem Erhaltungskulturen stark gefährdeter Pflanzen. Ziel ist die Wiederausbringung an ursprüngliche oder zumindest ähnliche Standorte.

17 Jahre lang hat das Gottesgnadenkraut im Eimer überlebt, dann wurde es umgepflanzt.

Ein paar Beete weiter steht der **Guter Heinrich**. Sein „Wohnungsschild“ verrät, dass er am 29. September 1987 ins „Pflanzensanatorium“ eingezogen ist. Stefan Stern, ein Landschaftsplaner in Ausbildung, hatte es dorthin gebracht. Beim Kartieren in der Gatower Feldflur fand er den Guten Heinrich am Wegesrand. Woanders in Westberlin gab es keinen Nachweis mehr von ihm. In Dahlem bekam die alte Dorfpflanze *Chenopodium bonus-henricus* ein eigenes Beet. Das füllt sie längst aus. Die Samen, kleine braune Nüsschen, werden jedes Jahr gesammelt, denn irgendwann soll das Gänsefußgewächs wieder freigelassen werden.

Was heute als „stark gefährdet“ auf der Berliner Roten Liste steht, stand einst auf dem Speisezettel unserer Vorfahren. Nachweise wurden selbst im Magen von Menschen der Eisenzeit gefunden, die Jahrhunderte vor Christi lebten. Denn das Kraut hat es in sich: reichlich Eisen, Vitamin C und viele Mineralstoffe, ein wertvolles Wildgemüse.

Sein Name übrigens soll sich auf die Bedeutung von Heinrich als gutem Geist beziehen, wegen seines Nutzens als Gemüse- und Heilpflanze. So half er beim Heilen von Hautkrankheiten. Kulinarisch zumindest beginnt man ihn wieder zu entdecken, mit seinem interessanten herb-würzigen Geschmack. Heutige Genießer kreieren z.B. Quiche aus Gutem Heinrich mit Sesamsamen oder Lammkotelett mit Kümmel-Zitronenthymian-Butter und Gutem Heinrich. Aber man kann ihn auch einfach wie früher nutzen und die jungen, noch nicht blühenden Pflanzen wie Spinat zubereiten oder die frischen Triebe wie Spargel. Die Blüten sind wie Brokkoli zu dünsten. Kein Wunder, dass der Gute Heinrich häufig an Dorfstraßen und Bauerngehöften zu finden war. Er kann das ganze Jahr über geerntet werden und ist einfach anzubauen. Aber seine Blätter welken rasch und müssen schnell verarbeitet werden. Wahrscheinlich wurde er deshalb vom Spinat fast vollständig verdrängt.

Nun also wächst der Wilde Spinat behütet und unter Beobachtung. Doch irgendwann ist es soweit, und die Samen dürfen wieder in die Freiheit.

Der Gute Heinrich wird auch Wilder Spinat genannt. Er gilt als Mutterpflanze unseres Gartenspinats.

Makroaufnahme der noch nicht ganz reifen Fruchtstände.

Auch ein Farn, der **Dornige Schildfarn**, ist unter den „Patienten“, entdeckt Mitte der 1990er Jahre im Prenzlauer Berg. Bevor das alte Schlachthofgelände an der Eldenaer Straße bebaut werden durfte, wurde es von Pflanzen-Fachleuten durchkämmt. Und es hat sich gelohnt. *Polystichum aculeatum* war seit mehr als 100 Jahren verschwunden, galt als verschollener Berliner. Bis in die Gründerzeit hatte er noch im Grunewald gestanden.

Mit Hammer und Meißel wurde der wertvolle Farn aus den Fugen zwischen den Backsteinen befreit, bis zu 30 Zentimeter hatten sich die Wurzeln ins Mauerwerk vorgearbeitet. Erstaunlich fanden die Experten, dass sich der Farn ausgerechnet eine alte Ziegelmauer für seine Rückkehr ausgesucht hat und fanden eine mögliche Erklärung. Zehn Jahre schon könnte er hier stehen, die leichten Sporen waren wohl aus Brandenburg hergeweht worden. Farnsporen sind so leicht, dass sie bei gutem Wind schon mal 100 Kilometer fliegen können. Eine kaputte Regenrinne hielt das Plätzchen feucht, eine Mauernische schützte vor zu viel Sonne. So konnte der Schildfarn, der eigentlich am Boden wächst, an einer Mauer überleben.

Der Dornige Schildfarn hat in Berlin die höchste Gefährdungsstufe: Die bekommen nur Pflanzen, die als ausgestorben oder verschollen gelten.

Am 13. März 1995 wurde er in die Dahlemer Erhaltungskultur gebracht. Hier, in der hintersten Ecke des Botanischen Gartens, findet er inzwischen kaum noch Platz zum Weiterwachsen. Die höchste Gefährdungsstufe aber gilt für ihn noch immer.

Die Rote Liste von Berlin

1966 wurde von der Internationalen Naturschutzunion, IUCN, ein Red Data Book, ein Buch der Roten Listen veröffentlicht. Darin wurde erstmalig weltweit die Gefährdung von Tier- und Pflanzenarten erfasst.

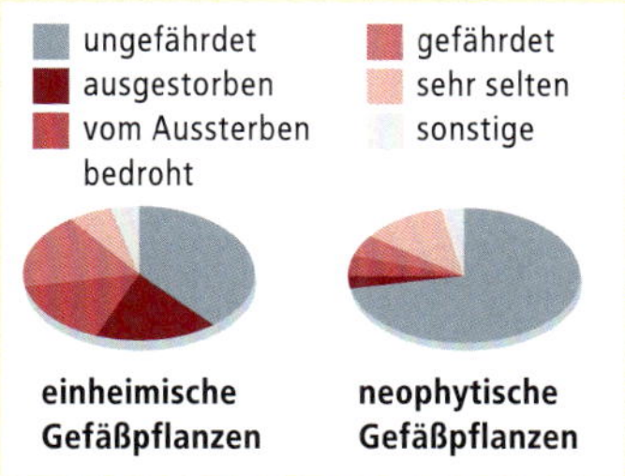

Gefährdung in Berlin laut Roter Liste.

Im Erscheinungsjahr hatte der Botaniker Herbert Sukopp über dramatische Veränderungen in der Berliner Flora berichtet. Er nannte 124 Arten, die während der vergangenen 100 Jahre in der Stadt ausgestorben waren. Die erste Rote Liste der wildwachsenden Farn- und Blütenpflanzen Berlins erschien dann 1981, allerdings galt sie nur für den Westen der damals geteilten Stadt. Die Wissenschaftler um Herbert Sukopp hatten ein ehrgeiziges Ziel. Sie wollten ständig auf dem Laufenden sein, alle zehn Jahre eine solche Liste erarbeiten. Das gelang. Doch als die nächste 1991 erschien, hatten die politischen Veränderungen die botanischen Forschungen überholt. Da sie sich nur auf Westberlin bezog, war sie durch die Wiedervereinigung nicht mehr aktuell.

Seit 2001 gibt es nun erstmals eine Gesamtübersicht über alle wildwachsenden Pflanzenarten in Berlin und eine entsprechende Rote Liste. Sie zu erstellen ist die reinste Sisyphosarbeit. Die historischen Schriften müssen ausgewertet und die Stadt immer wieder neu floristisch erkundet werden. Nur so kann man vergleichen und erkennen, wann welche Pflanze das erste Mal entdeckt wurde und ob sie sich etabliert hat, d.h. sozusagen sesshaft wurde. Dazu muss sie über einen Zeitraum von mindestens 25 Jahren nachgewiesen worden sein oder sich über weite Teile des Stadtgebietes ausgebreitet haben. Wenn solch eine etablierte Art verschwindet oder ihr Bestand zurückgeht, wird sie in einer Skala der Roten Liste erfasst – von verschollen, vom Aussterben bedroht bis gefährdet. Verantwortlich dafür sind in der Regel wir. Industrie, Verkehr und Landwirtschaft verunreinigen Gewässer, Luft und Böden. Immer neue Bauten zerstören ganze Lebensräume. Von den mehr als 2.000 wildwachsenden Pflanzen, die jemals in Berlin gefunden wurden, haben sich rund 1.400 etabliert. 15 Prozent sind unwiederbringlich weg, fast ebenso viele vom Aussterben bedroht. Vor allem heimische Pflanzen sind betroffen.

Für das Überleben bestimmter Arten trägt Berlin eine besondere Verantwortung, da sie überregional gefährdet sind wie der Ästige und Vielteilige Rautenfarn, Hartmans Segge oder der Sumpfenzian.

13 Entlang der Gleise

Tüpfeljohanniskraut, Ruprechtskraut, Kleiner Orant, Seifenkraut

Als die Bagger schon wühlten, gab es immer noch diesen Durchschlupf im Zaun, und man kam, nun fast schon illegal, aufs alte Bahngelände. Für Pflanzenfreaks, Hundehalter, aber auch für Freunde des etwas Morbiden war das Gleisdreieck, südöstlich vom Potsdamer Platz, jahrzehntelang ein ganz besonderer Ort, nicht zu übertreffen an grüner Wildheit zwischen verrosteten Gleisen. Hier gab es alles – von ganz kleinen Pflänzchen im Sand bis hin zum ausgewachsenen Wald.

Die Blätter scheinen wie perforiert, daher der wissenschaftliche Name perforatum. Die Legende erzählt, dass der Teufel, erbost über die Heilkraft der Pflanze, die Blättchen mit einer Nadel durchlöchert hat. Die Punkte sind eigentlich kleine Behälter, für konzentriertes ätherisches Öl.

Im Sommer 2008 will es die Buchschreiberin noch einmal wissen. Findet zuerst die Zaunlücke und dann prachtvolle Königskerzen neben kleinem Ruprechtskraut an der Schiene, um die sich Waldreben ranken. Mauerpfeffer im Gleisschotter und Greiskräuter und Sichelmöhren zwischen Landreitgras. Und eine Kolonie **Tüpfeljohanniskraut**. Ziemlich zäh müssen die Pflanzen schon sein, die hier in dieser künstlichen Steinwüste leben. Das Johanniskraut hat so kräftige halbmeterlange Wurzeln, spindelförmig und weit verzweigt, dass es die Extreme oben gut wegsteckt, immer wieder neu austreiben kann, egal wie heiß oder trocken es ist.

Die Blüten erscheinen im Juni um den Johannistag. Man stellte sich vor, die Pflanze habe wegen der Enthauptung Johannes des Täufers eine rote Farbe bekommen. Zerreibt man die gelben Blüten, tritt tatsächlich ein roter Saft aus, das „Johannisblut". Im Mittelalter war es das Kraut gegen Wahnsinn. Das Teufelskraut, Hexenkraut oder Walpurgiskraut musste zur Teufelsaustreibung herhalten, auch wenn es vielleicht nur starke Stimmungsschwankungen waren, die für Besessenheit gehalten wurden. Dass Johanniskraut gegen Traurigkeit hilft, weiß man auch heute. Hoch dosiert kann es synthetische Antidepressiva ersetzen.

Die Blüten des Johanniskrauts sind auffällig goldgelb. Am Rande befinden sich kleine schwarze Pünktchen, die einen roten Farbstoff enthalten.

Am Gleisdreieck wird nicht viel übrig bleiben von *Hypericum perforatum*. Dem Flair der Gleise inmitten der Stadt aber muss das Johanniskraut nicht entsagen, es kann selbst auf befahrenen Strecken leben. Denn den Pflanzengiften, die unliebsame Bahnbewohner vertreiben sollen, setzt es seine starken Wurzeln und unbändige Kraft zum Austreiben entgegen.

Paracelsus beschrieb im ausgehenden Mittelalter das Johanniskraut als starkes Mittel gegen „melancholische Gedanken" und nannte es deswegen „Arnika der Nerven".

Eine Frucht des Ruprechtskrauts.

Die Namen Himmelsbrot, Gottesgnadenbrot, Adebarbrot oder Notbrot erinnern dran, dass in Hungerszeiten die Wurzeln des Ruprechtskrauts gegessen wurden. Die Römer schätzten sie sogar als Delikatesse. Sie erinnert im Geschmack an die Pastinake.

Die hellvioletten Blüten des Kleinen Orant bestäuben sich selbst.

Die rosa Köpfchen heben sich schön ab vom rostigen Metall der Schiene. Sie gehören dem **Ruprechtskraut**, das seine langen dünnen Wurzeln im Schotter versenkt hat. Sie allein aber könnten *Geranium robertianum* nicht halten, da müssen die gefiederten Laubblätter helfen. Deren Stiele und auch Seitensprosse biegen sich an Blattgelenken nach unten und legen sich fest auf den Untergrund, stützen die Pflanze regelrecht ab. Die Gelenke machen es dem Blatt auch möglich, das beste Sonnenlicht zu erhaschen. Die dabei entstehenden Lichtschutzpigmente geben dem Kraut eine dunkelrote Färbung.

Zu Ehren des Heiligen Ruprecht erhielt die vielseitige Heilpflanze ihren Namen. Gegen Blutungen verschiedenster Art und auch Durchfall wurde sie eingesetzt. Die andere Bezeichnung Stinkender Storchschnabel erklärt sich ganz einfach: Es sind die Blätter, die beim Zerreiben einen Bocks- oder Wanzengeruch verströmen. Mancher mag das anders empfinden, aber unangenehm riecht der Blätterbrei allemal. Die Schnabelform der Früchte hat gleich der ganzen Familie zum Namen verholfen, den Storchschnabelgewächsen *Geraniaceae*, vom griechischen *geranos*, Kranich. Und die Verlängerung der Fruchtblätter erinnert wahrhaftig an einen langschnabeligen Vogel.

300 verschiedene Arten an Gewächsen sollen es auf dem Gleisdreieck gewesen sein, Fachleute haben sie begeistert gezählt. Vielleicht ist der **Kleine Orant** die typischste „Eisenbahnpflanze“. Woanders, wie auf Äckern, findet sie kaum noch Platz, konkurrenzschwach wie sie ist. Für den unscheinbaren Vetter des Löwenmäulchens aber ist der Gleisschotter ein guter Ersatz, *Chaenorhinum minus* liebt warme, sonnige Stellen auf Schutt, Sand und Geröll.

Zur echten Bahnpflanze aber macht sie ihr Verbreitungstrick. Schüttelt der Wind die geöffneten Kapseln, landen die Samen ganz in der Nähe, 22 Zentimeter schaffen sie nur. Erst der Luftzug vorbeifahrender Züge bringt den Orant richtig auf Tour, wie mit einer Streubüchse werden die unzähligen Samen dann verteilt. 144 Zentimeter haben Experten gemessen, fast siebenmal soweit wie bei normalem Wind.

Aber noch etwas anderes macht das unscheinbare Pflänzchen fit: enorme Fruchtbarkeit, schnelles Keimen im Frühjahr, da ist ein warmes Bahngelände gerade gut, eine rapide Entwicklung bis zur ersten Blüte, früh beginnende und schnelle Samenproduktion und bald ist die Frucht reif. Trocknet sie, öffnet sich die Kapsel mit zahnartigen Klappen nach oben – und wartet auf einen Windzug. So ist der Lebenszyklus durchgehechelt, noch bevor Hochsommer und Herbizide dem Kleinen Orant etwas anhaben können. Kurzfristig gute Bedingungen nutzen, wenn das keine Über-Lebenskunst ist.

Die trockenen Kapseln des Kleinen Orant öffnen sich mit zahnartigen Klappen nach oben. Durch einen Windstoß werden die Samen breitgestreut.

Doch nur wer ihn kennt, wird ihn finden in der Stadt. Der Klaffmund, wie er auch genannt wird, ist leicht zu übersehen mit seinen gerade mal 10 bis 20 Zentimetern Höhe. Oben auf dem „Unkraut"-Hang hinterm Bundespressestrand mit Blick zum Hauptbahnhof, hat sich die Bahnpflanze nun eingerichtet, wenn sie schon vom Gleisdreieck vertrieben wurde.

Fast wie der Phlox im Garten sieht das **Echte Seifenkraut** aus, und entsprechend freundlich wird es angeschaut. Ist das denn nun auch ein „Unkraut", wild wie es wächst, ob am Bahndamm oder Fußwegrand? Un-Kraut, ein ungeliebtes Kraut? Oder eins, das uns nicht nützt, unnütz ist?

Wie bei allen Nelkengewächsen stehen die Blätter des Seifenkrauts kreuzgegenständig am Stängel.

Das Seifenkraut wird kaum in den Verdacht kommen, sein Name schon assoziiert die Verwendungen. *Sapo* heißt lateinisch Seife, *officinalis* bedeutet arzneilich, *Saponaria officinalis* war zum Waschen und zum Heilen gut.

Schleimlösend wirkt es bei Husten. Und weil die Saponine Schaum bilden, diente es als Seifenersatz. Im Altertum zum Waschen und Entfetten der Wolle genutzt, später zum Reinigen empfindlicher Kleider. Denn der Auszug aus Wurzeln und Rhizom wäscht zwar nicht porentief rein, dafür aber gewebeschonend. Bis zum Beginn des 20. Jahrhunderts baute man Seifenkraut in Europa an, und noch heute werden in der Slowakei Wäschestücke mit angeschnittenen Rhizomstücken „eingeseift".

Früher wurde bei Entzündungen auch die Haut mit Seifenkraut gewaschen. Arabische Ärzte wendeten es sogar bei Lepra an. Auch heute noch wird der Sud der gekochten Wurzel für Umschläge bei Hautkrankheiten, besonders gegen Pilzinfektionen, eingesetzt.

Dass der „wilde Phlox" eine Bahnpflanze ist, hat er zuallererst seiner unterirdischen Gestalt zu verdanken, mit einer rübenartig ver-

Abends und in der Nacht ist der Duft der Seifenkraut-Blüten am stärksten. Nachtfalter folgen dem Geruch ausgesprochen gern.

Für ein Shampoo: 10 Gramm Seifenkraut in ½ Liter abgekochtes Wasser geben und solange kochen, bis die Hälfte des Wassers verdampft ist. Nach dem Waschen die Haare mit Essig oder Zitrone spülen.

dickten Hauptwurzel und stark verzweigten Ausläufern, die fingerdick werden können und *Saponaria* auch im lockeren Schotter bestens verankern. Und dass es dazu noch Umweltgifte ignoriert, macht das Seifenkraut zum zähen, schönen Bahnbegleiter.

In der City ziert das Nelkengewächs auch manchen Wegesrand, und man kann Folgendes mal versuchen: Einfach die Blätter im Wasser zerreiben und zusehen, wie sich Schaum bildet. Das Kraut, gekocht, soll auch ein sanftes Haarshampoo ergeben.

Irgendwo in Berlin tauchen alle ehemaligen Gleisdreieck-Bewohner wieder auf. Warum also jammern, wenn die Wildnis der größten Bahnbrache der Stadt in der Baggerschaufel landet?

Es ist Buntheit, die verschwindet, ein bisschen Abenteurertum und Staunen darüber, wie Pflanzen es aushalten in der extremen Hitze des Gleisschotters, mit bis zu 60 Grad. Es war die Vielfalt, ein Mosaik unterschiedlichster Biotope, die die Entwicklung von der Steinwüste bis zum Wald mitten in der Stadt aufregend erlebbar machte.

Bahnbrachen sind eine Berliner Spezialität. Das Schöneberger Südgelände ist zur auf Holzstegen begehbaren Wildnis geworden. Und seit Mai 2009 gibt es in Berlin-Mitte den Park am Nordbahnhof, naturnah-urban, eine große wilde Wiese, daneben Trockenrasen und Wald, gewachsen über Jahrzehnte auf dem Gelände des einstigen Stettiner Bahnhofs, der später auch Mauerstreifen war. Aufs Abenteuer, botanisch und historisch, muss man also in der Innenstadt nicht ganz verzichten.

Jahrzehntelang im Dornröschenschlaf ist die wilde Wiese am Nordbahnhof nun zum Park geworden.

Berliner Bahnhofsgeschichte

„Kann mir keine große Seligkeit davon versprechen, ein paar Stunden früher in Berlin oder Potsdam zu sein", bemerkte Friedrich Wilhelm III. im Jahre 1835. Doch was Preußens König unbedeutend erschien, war für die aufblühende Berliner Industrie lebenswichtig. Nur so konnte sie konkurrenzfähig sein.

Alter Rangierbahnhof/Naturpark Schöneberger Südgelände.

Schon drei Jahre später wurde als erster der Potsdamer Bahnhof eröffnet. In den folgenden Jahrzehnten überschlugen sich förmlich die Einweihungen von Schienenwegen und Bahnhöfen – 1841 Anhalter Bahnhof, 1842 Frankfurter Bahnhof, 1847 Hamburger Bahnhof, benannt nach den Richtungen, aus denen die Züge eintrafen. Um 1870 gab es acht sogenannte Kopfbahnhöfe in der Stadt. Wie bei einer Sackgasse führte nur ein Weg hinein und hinaus. Alle lagen außerhalb der Stadtmauer und das Umsteigen war mühevoll und zeitraubend. Nur mit einer Pferdedroschke gelangten Reisende von einem Bahnhof zum anderen. Seit 1877 verband dann eine fast 40 Kilometer lange Trasse um die Innenstadt, die Ringbahn, alle Bahnhöfe.

Im 2. Weltkrieg wurden zahlreiche von ihnen zerstört, ebenso Gleisanlagen. Durch die anschließende Teilung Deutschlands und Berlins verloren Strecken an Bedeutung, wurden stillgelegt. Erst mit der deutschen Einheit änderte sich auch für die Bahnstadt vieles. Geisterbahnhöfe wurden wieder zu belebten Orten, Lücken im Schienennetz geschlossen. An der Stelle des ehemaligen Lehrter Stadtbahnhofs, früher wichtigster „Überseebahnhof" Berlins, entstand 2006 der Hauptbahnhof.

Andere entwickelten sich zum Naturpark wie der Tempelhofer Rangierbahnhof. 1889 war er auf dem Schöneberger Südgelände in Betrieb genommen worden. Seit mehr als 50 Jahren nicht mehr genutzt, erobert sich die Natur ihr einst verlorenes Terrain zurück. Hier kann man sehen, wie ganz von allein ein „Urwald" entsteht – Birken, Pappeln, Ahorn und Robinien, an denen sich Waldreben emporranken. Auf den offenen Flächen wachsen vom Aussterben bedrohte Habichtskräuter, die einzigen, die es noch gibt in der Region. Und überall verströmen wilde Rosen ihren betörenden Duft.

Besuchertipp: Eingang neben der S-Bahnstation Priesterweg. Geöffnet ist täglich von 9 Uhr bis zum Einbruch der Dunkelheit. Eintritt: 1 Euro.

14 Lebenskunst zwischen Steinen

Breit- und Spitzwegerich, Löwenzahn

Es ist das Herz der Republik, jeder will mal da gewesen sein. Geduldig wird auf Einlass ins Reichstagsgebäude gewartet. Zeit wäre also genug, doch wer vertreibt sie sich schon mit Pflanzengucken? Dabei wimmelt es unter den Füßen vor grünem Leben.

Da gibt es Zwerg-Schneckenklee neben Portulak, Blutrote Fingerhirse neben Kanadischem Berufkraut, Vogelknöterich und Löwenzahn, Ehrenpreis und Rispengras, Spitzwegerich neben Weidelgras, Weiß-Klee und Bruchkraut und Breitwegerich und Mastkraut und Sandkraut.

Es gibt zwei Strategien, in Pflasterritzen zu überleben: entweder die Tritte aushalten – oder sich abducken.

Wie schaffen die das bloß, bei dem bisschen Nährboden zwischen den Pflastersteinen und den Tritten von oben? Ein Stückchen weg, wo nicht ganz so viele Menschen auf ihnen herumtrampeln, wachsen die Pflänzchen etwas höher, doch bei Massenbetrieb scheinen sie sich regelrecht in die Ritzen zu ducken. Es sind genetisch bedingte Tricks, die bei den sogenannten Trittpflanzen das Wachstum fördern oder hemmen.

Da ist der **Breitwegerich**, mit seinen bis zu 80 Zentimeter tiefen Wurzeln. Er holt die Nahrung von weit unten, verdichteter Boden stört *Plantago major* also nicht. Und wird ein Blatt von Schuhsohlen zerfetzt, können die dicken Leitbahnen weiter Nährstoffe transportieren. Aushalten ist seine Devise. In den Rinnen auf der Oberseite der Blätter fließen Regentropfen direkt zu den Wurzeln ab, und die Blätter liegen so dicht am Boden, dass sie schönen Schatten machen und vorm Austrocknen schützen.

Kaum zu glauben, dass dieses Allerwelts-Gewächs einst als Alleskönner galt und eine der heiligsten Pflanzen war, für die altgermanischen Heiler, die Lachner, gar die „Mutter der Heilpflanzen".

Wegerich, das ist einer, der die Wege beherrscht. In Nordamerika folgte er einst dem Vordringen der Siedler und wurde von den Indianern *Englishman's foot* – Fußtritt der Bleichgesichter genannt. Dass die Pflanze „zu Fuß" tatsächlich um die ganze Welt gekommen ist, verdankt sie einer besonderen Eigenschaft ihrer Samen. Sie quellen bei Feuchtigkeit auf,

„Und du, Wegbreite, der Wurzen Mutter, nach Osten offen, nach innen mächtig! Über dich Räder rollen, über dich Frauen fahren, über dich Bräute sich breiten, über dich Stiere stampfen. Allen widerstandest du und widerstehst du, so widerstehe Eiter und Anfällen und der Leidkraft, die über das Land dahinfährt!" (angelsächsischer Kräutersegen)

Die langen aufrechten Blütenähren des Breitwegerichs bilden sich ab Juni.

werden klebrig und haften überall an, egal ob an Pfoten, Schuhsohlen oder Hufen. So wurde *Plantago*, was vom lateinischen *planta* kommt und Fußsohle heißt, zu einer der meistverbreiteten Pflanzen überhaupt. Wohl aber auch, weil jede einzelne im Leben bis zu 40.000 Samen hervorbringen kann.

Wegerichblätter wurden früher in die Schuhsohlen gelegt, gegen die vielen Gefahren einer langen Reise: Giftschlangen, tollwütige Hunde, spitze Dornen und Räuber. Man glaubte sogar, dass sie auch Müdigkeit vertreiben und wund gelaufene Füße kühlen können. Das fahrende Volk des Mittelalters trug Wegerichwurzeln an einer Schnur um den Hals, um sich vor bösen Weggeistern und der Pest zu schützen. Und steckte doch mal ein Dorn im Fuß, trug man einfach schleimigen Brei aus gekochten Wegerichsamen auf. Skorpionbisse wurden, schon in der Antike, mit Wegerich behandelt. Erasmus von Rotterdam schrieb vor 500 Jahren, dass sich selbst Kröten von Stichen giftiger Spinnen mit Wegerich heilen.

Heilig, heilend und auch noch essbar – das traut man dem Pflänzchen nun wirklich nicht zu. Aber doch, es gehörte einst zur kultischen Frühlingssuppe „Grüne Neune“. Und in Tolkiens *Herr der Ringe* hilft es gegen die bösen Orcs. Wer verblutet, ist dem Orkus, dem König der Toten ausgeliefert, da hilft blutstillender Wegerichsaft. Bei Hildegard von Bingen waren auch Wegerichwurzeln im Pulver gegen „angehexten überstarken Geschlechstrieb“. Sie verschrieb gebratene Wurzeln – warm aufgelegt – bei geschwollenen Drüsen, Pflanzenbrei mit Honig aufgetragen bei Knochenbrüchen, gekochte Blätter zum Aufstreichen bei Insektenstichen und Seitenstechen. Und Plinius meinte, durchgeschnittenes Fleisch wachse wieder zusammen, wenn es mit Wegerich in einem Topf gekocht wird.

Das Blatt durchziehen mehrere Leitbündel. Beim Abreißen ragen sie wie weiße Fäden aus dem Stiel heraus. Früher orakelte man: Je länger die Fäden, desto mehr Glück. Oder: So viele Fäden, so viele Kinder wird man haben, so viele Lügen hat man am Tag erzählt ...

Ein ganzes Buch könnte man über *Plantago* schreiben, wie es der griechische Arzt Laodikeia im 1. Jahrhundert v. Chr. getan hat.

Mit dem Spruch „Blut vergeh“ haben sich Kinder früher Wegerichblätter auf blutende Wunden gelegt. Probieren Sie mal, es sollte auch heute noch helfen.

Pfarrer Kneipp schrieb: „Die Heilung geht rasch vor sich … Wie mit Goldfäden näht der Wegerichsaft den klaffenden Riss zu, und wie an Gold sich nie Rost ansetzt, so flieht den Spitzwegerich Fäulnis und faules Fleisch."

Der schlanke Bruder **Spitzwegerich**, *Plantago lanceolata*, verdankt den Namen der Form seiner Blätter, lang und schmal wie Lanzen sprießen sie im Frühjahr aus dem Boden. Doch es gibt noch mehr Unterschiede zwischen den Geschwistern. Anders als der breitblättrige gehört der spitze Wegerich nicht zu den Trittpflanzen, verträgt das Draufrumtrampeln nicht so gut, wächst lieber an Wegrändern, trockenen Wiesen, Parkrasen wie am Tiergartenrand. Die Nützlichkeit aber scheint in der Familie zu liegen. Spitzwegerich hilft vor allem bei Husten, bei Atemwegsproblemen aller Art. Das ist der einhüllenden Wirkung der Schleimstoffe zu verdanken und der zusammenziehenden der Gerbstoffe. Antibakteriell wirkt er noch dazu, Kieselsäure tut ein Übriges. Eine tolle Kombination in einer kleinen Pflanze, an der man normalerweise vorbeiläuft, ohne ihr einen Blick zu schenken. Aber das kann sich ja ändern.

Die weißen Staubblätter des Spitzwegerichs bilden einen Rand um den Blütenkopf.

Zumal wenn man weiß, dass sie auch mundet. Die jungen Blätter mit den noch weichen Blattadern schmecken etwas bitter und leicht salzig – eine herbe Würze für Blattsalate oder Gemüse. Später sind die Adern wie Bohnenfäden abzuziehen. Mit den zermörserten Blättern kann man Butterbrote bestreichen, besonders köstlich in Kombination mit Lauch oder Bärlauch. Die Fruchtstände sollen geschmacklich sogar an Steinpilze erinnern.

Bei Insektenstichen ein frisches Blatt zwischen den Fingern zerreiben. Die ausgetretene Flüssigkeit auf den Stich legen, abwarten und sich freuen über den schwindenden Juckreiz.

Alles längst bekannt. Pollenanalysen haben ergeben, dass Spitzwegerich schon in der Jungsteinzeit gegessen wurde. Ausgrabungen in neolithischen Siedlungen lassen annehmen, dass der fettreiche Samen wie Getreide geerntet und im täglichen Brei mitgekocht wurde.

Die Blumenstängel von unten aufspalten, in Wasser legen – und es gibt schöne Ringellocken.

Weit auffälliger bemerkbar macht sich der **Löwenzahn**, aus vielen Plasterritzen schiebt er seine gelben Köpfchen. Ihr Aufblühen zeigt den Beginn des Erstfrühlings an. Aber nicht nur dafür wird *Taraxacum officinale* geliebt. Etwas später überzieht leuchtendes Gelb wie ein Meer ganze Wiesen. Und dann erst die „Pusteblumen“, die nicht nur Kinder gern pflücken, um die Schirmchen, die kleinen Früchte mit den weißen Haarkronen, weit weg zu blasen. Wer alle auf einmal schafft, darf sich was wünschen.

100.000 Löwenzahnblüten muss ein Bienenvolk besuchen für ein Kilogramm Honig.

Der Stadt- und Landbewohner hat sehr lange Wurzeln, die Nährstoffe aus bis zu zwei Metern Tiefe ziehen können. Pflasterritzen statt saftiger Wiese sind also kein großes Problem. Ein bisschen mickriger natürlich bleibt er hier. Der kleine gelbe Löwenzahn ist eine der anpassungsfähigsten Pflanzen überhaupt, auch im Straßendschungel kann er sich bestens behaupten. Sein Name übrigens hat mit den gezähnten Blättern zu tun. An sonnigen Orten werden die Blattzähne besonders spitz und einem Raubtiergebiss recht ähnlich.

Die Löwenzahnblätter haben es in sich. Neunmal soviel Vitamin C und vierzigmal soviel Vitamin A sollen sie enthalten wie Salat aus der Plastikfolie, dreimal soviel Eisen wie Spinat. Zart und jung gegessen, vertreiben sie die Frühjahrsmüdigkeit, und der ganze Verdauungsapparat wird angeregt. Der angenehm bittere Geschmack kommt besonders gut zur Geltung mit etwas Öl, Salz und Essig, Zwiebeln und klein gehacktem Ei. Mit einer Speck-Rahmsoße wird Löwenzahn zur Delikatesse. Geröstete Wurzeln können koffeinfreier Kaffeeersatz sein, wegen des hohen Inulingehaltes besonders für Diabetiker geeignet. Sogar die Knospen und Blüten sind zu genießen.

Forschung in der Pflasterritze

Für Stiletto-Trägerinnen sind sie ein Albtraum, für Thomas Nehls von der Technischen Universität eine kleine Wunderwelt – die Pflasterfugen. Vier Jahre lang hat sich der Wissenschaftler mit dem Boden in den Ritzen zwischen Kopfsteinpflaster oder Gehwegplatten beschäftigt und dabei Erstaunliches herausgefunden.

Rund 200 Quadratkilometer der Berliner Straßen, Gehwege und Plätze sind gepflastert. Das entspricht etwa 40.000 Fußballfeldern. Die dreifache Fläche ist dagegen völlig versiegelt, d.h. betoniert oder asphaltiert. Hier versickert der Regen nicht, sondern verschwindet ungenutzt in der Kanalisation. Das ist bekannt. Ebenso, dass sich unter dem Fugenboden neues Grundwasser bilden kann. Doch nicht nur das. Proben ließen erkennen, der oberste Zentimeter ist deutlich dunkler als die darunter liegende Erde. Zahlreiche gefährliche Stoffe, Feinstaub wie Ruß, der beim Verbrennen von Diesel entsteht, haben sich hier abgesetzt. So sind sie sicher gelagert, werden nicht mehr aufgewirbelt. Denn, atmen wir sie ein, können wir Bronchitis oder Krebs bekommen.

„Eigentlich ist das kein Boden mehr, sondern Zivilisationsdreck", erklärt Thomas Nehls. Aber dieser habe eine ganz besondere Eigenschaft, er halte anderen Dreck zurück. Bisherige Untersuchungen zeigten, dass sich vor allem im oberen Bereich der Ritzen Schwermetalle angesammelt haben – Blei aus Abgasen, Kupferabrieb von Bremsbelägen, feinste Gummipartikel und Zink aus den Reifen. Können die ins Grundwasser gelangen? Um das herauszufinden, wurden an mehreren Stellen der Stadt wie am verkehrsreichen Großen Stern sogenannte Lysimeter installiert. Zylinder, die oben eine Schicht Boden enthalten und im unteren Teil das Sickerwasser auffangen. Die Analysen ergaben: Nach unten hin nimmt der Gehalt der giftigen Stoffe ab. Der große Anteil Kohlenstoff bindet die Schwermetalle, so dass Fugendreck eigentlich ein idealer Filter ist. Wie lange aber bleibt der wirksam? Selbst 40 Jahre alte Ritzen können, laut Thomas Nehls, immer noch Schadstoffe aufnehmen. Pflasterritzen sind also gut für unsere Gesundheit.

Noch besser wäre es allerdings, würden sich Stadtplaner entscheiden, nicht immer und überall die ganze Breite des Gehwegs zu bepflastern. Denn was die kleine Ritze schafft, kann eine größere, offene Bodenfläche erst recht.

Thomas Nehls baut ein Lysimeter am Großen Stern ein.

15 Berliner Mauer mal grün

Steppensalbei, Hundsrose, Wilde Malve, Mauerpfeffer, Parlament der Bäume

Wie mit einem lila Teppich scheint der Hang überzogen. Ruhe und Frieden strahlt er aus, der Mauerpark, obwohl es hier vor Menschen nur so wimmelt. Doch die Massen sind gelassen. Liegen in Gruppen zwischen den hohen Pflanzen, schwingen sich ganz oben vor der mit Graffiti überzogenen Stadionmauer auf Schaukeln hin und her – und hin und her wippen die Rastas beim Trommeln. Harmonie zwischen Nationen, wo vor 20 Jahren die politische Mauer noch eine Nation trennte.

Durch einen speziellen Mechanismus bringen Salbeiblüten ihre Pollen auf die Hummel.

Als der Hang nach der Wende begrünt wurde, war auch **Steppensalbei** in der Saatgutmischung. Hoch zum Jahn-Sportpark sollte eine bunte wilde Wiese entstehen, mediterran angehaucht, genau wie die Anmutung der Bäume. Eine „Toskana im Prenzlauer Berg“ sollte entstehen und wächst hier seit 1994. Vielleicht nicht ganz so, wie die Architekten es vorhatten, aber spannend allemal, mit Pyramidenpappeln und Säuleneichen, deren schlanke Form ein wenig an Zypressen erinnert.

Der Steppensalbei ist mit dem allseits bekannten Salbei verwandt, riecht und schmeckt aber nicht wie *Salvia officinalis.*

Dass der Salbei derart das Rennen macht, war jahrelang nicht abzusehen. Erst nach dem trockenen Sommer 2003, als alles wie weggebrannt war, ging es mit der Farbe Lila richtig los. Die Pflanzen säen sich selber aus, es wurden immer mehr. Heute bestimmt *Salvia nemorosa* mehrere Wochen lang das Bild des Mauerparks. Die viele Sonne tut ihm gut, der Boden scheint ihm zu gefallen.

Wenn im Juni die Blütenpracht ihren Höhepunkt erreicht, gibt es nicht nur für Hummeln, die hier reichlich Nektar finden, kein Halten mehr. Da werden Decken ausgebreitet, Flaschen ins Grün gestellt, zwischen den halbmeterhohen Pflanzen lässt sich gut plaudern und ruhen. Damit die Kinder keine Langeweile kriegen, könnten sie derweil den Trick der schönen Salbeiblüten auskundschaften. Die haben nämlich einen interessanten Mechanismus, den man auch mit einem Hölzchen erforschen kann: Drückt man auf die Unterlippe – als wenn sich ein Insekt auf die Blüte setzt – klappt die Oberlippe herunter. Sie ist helmförmig und verbirgt, außer dem Griffel, zwei Staubblätter,

Die Kelchblätter der Glockenblume habe unterschiedliche Blautöne. Sie können auch lila oder weiß sein, seltener hellgelb.

Die Blüten der Hundsrose zeigen sich nur wenige Tage im Jahr geöffnet.

Die häufigste wild wachsende Rosenart Mitteleuropas.

die ein merkwürdiges Schlagwerkzeug bilden. Die Staubbeutel sind durch ein langes bogenförmiges Band verbunden und stehen weit auseinander. Einer ist zu einer löffelartigen Platte umgewandelt und wirkt als Hebel. Sucht die Hummel nun nach dem Nektar, drückt sie „aus Versehen“ die Platte nach hinten. Sofort schlägt der andere Staubbeutelarm auf ihren Rücken und lädt dort die Pollen ab. Fliegt die Hummel zur nächsten Blüte, fliegt der Pollen mit. Eine ausgetüftelte Art der Fremdbestäubung, die nur mit Hummeln funktioniert.

Ist der Salbei erforscht, gibt es anderes zu entdecken, z.B. beim Treppensteigen. Da nicken neben den Stufen kleine blaue Glocken, *Campanula rotundifolia* ist die Rundblättrige der vielen Glockenblumenarten. Der Sandthymian hat schöne Polster gebildet, Wolfsmilch und Fingerkraut machen sich breit. Als eines Sommers vom Bezirksamt Treppenputzen angesagt war und den Pflänzchen das Rausrupfen drohte, griffen die „Freunde des Mauerparks“ ein, konnten mit erklärenden Worten die kleinen Schönheiten retten. Leicht zu übersehen sind sie, werden beim Stufentreten regelrecht „übergangen“. Mit einem Bestimmungsbuch im Picknick-Korb aber bietet das alte Mauerland auch botanisch viele Einsichten.

Mit ihren sprichwörtlichen „Dornen“, die eigentlich Stachel sind, sollen **Hundsrosen** die Zierapfel-Bäumchen auf dem Hang schützen. Ein bisschen an Dornröschen erinnert das undurchdringliche Geflecht. Und wenn im Mai und Juni die Blüten Zartrosa tragen, ist es wirklich wie im Märchen, auch für Insekten aller Art. Bis zu drei Meter hoch kann das Rosengewächs klettern, die Bäumchen haben oben noch genug Platz, ihre kleinen Äpfel reifen zu lassen.

Die Früchte der Rosen, die Hagebutten, beleben auch im Winter den Mauerhang und helfen den Vögeln beim Überleben. *Butte* ist übrigens der altdeutsche Name der Rosenfrucht, wegen ihrer Form, die an ein kleines Fass erinnert. Und ein Fass hieß früher *Butte*. Im 15. Jahrhundert wurde daraus Hagebutte, in Anlehnung an *hag* – Hecke oder Hain. Die roten Früchtchen sind bis heute ein bewährtes Mittel gegen Erkältungen, vor allem wegen ihres hohen Gehaltes an Vitamin C. Aber auch zu Mus und Konfitüre, Wein und Suppen kann man sie machen.

Von wegen Hundsrose, *Rosa canina*. Lateinisch *caninus* heißt tatsächlich vom Hund, und so war es bei der Namensgebung auch gemeint: minderwertig im Vergleich zu Edelrosen. Dabei ist sie sozusagen die „Mutter", von ihr stammen viele der Zuchtformen ab. Heckenrose klingt da doch viel schöner, auch wenn es wissenschaftlich nicht ganz exakt ist.

Die auf beiden Seiten weich behaarten Blätter der Wilden Malve sind fünf- bis siebenfach gelappt und haben einen gekerbten Rand.

Die Blüten der Malve werden von der Lebensmittelindustrie zum Färben genutzt.

Auf der anderen Seite des Weges, der schnurgerade den Mauerpark durchzieht, versuchen **Wilde Malven** ihr Plätzchen zu verteidigen. Leicht ist das nicht bei dem Menschengewühl, doch die niedrige Sitzmauer bietet etwas Schutz vorm Zertretenwerden. Und ihre spiralförmigen fleischigen Pfahlwurzeln sind zum Glück fest im Erdreich verankert.

Malva sylvestris kann bis zu 1,20 Meter hoch wachsen. Aber das schafft sie nicht überall im Mauerpark, manchmal sind sogar nur die Stängelspitzen aufgerichtet und die Triebe liegen lang. Aber wenn sich ab Mai die rosavioletten Blüten mit den dunklen Streifen öffnen, erntet selbst die am Boden Liegende schon mal einen freundlichen Blick. Schön und wild und nützlich, eine gute Kombination, die seit der Antike

Zwölf Malvenarten gibt es in Europa und alle sind essbar. Empfohlen wird aber nur die Wilde Malve und die kleinere weißrosa Wegmalve. Malvenblätter können einen Salat bereichern. Die Blüten und die geschälten jungen Früchte eignen sich zum Garnieren.

genutzt wird – und nicht nur für Arzneizwecke. Malven waren auch billige Nahrung für die arme Bevölkerung. In Mitteleuropa breit gemacht hatte sich die aus Asien und Südeuropa Stammende bereits seit der jüngeren Steinzeit. Dann wurde sie sogar angebaut und schon 700 v. Chr. erwähnt. 1000 Jahre später stand die Wilde Malve in der Verordnung *Capitulare de villis et curtis imperialibus*, erlassen von Karl dem Großen. Als eine von 73 Nutzpflanzen und Heilkräutern, die in allen kaiserlichen Gütern von den Verwaltern angepflanzt werden sollten.

Der hohe Schleimstoffgehalt macht *Malva sylvestris* bis heute auch als Hustenmittel interessant. Und bei Entzündungen von Mund, Rachen und Atemwegen hilft die Malve im Tee, sie wirkt entzündungshemmend und reizlindernd.

Auch Große Käsepappel wird sie genannt. Doch mit der Pappel, wie man annehmen könnte, hat das nichts zu tun. *Papp* hieß früher der Kinderbrei, der aus den schleimhaltigen Früchten gemacht wurde. Und diese sehen ein bisschen wie Käselaiber aus.

Eine andere Wirkung, von der wohl der Name Pissblume stammt, ist eher dem Aberglauben zuzuschreiben. Die Fruchtbarkeit einer Frau könne getestet werden, indem man ihren Urin auf die Pflanze gibt. Ist die Malve nach drei Tagen nicht verdorrt, soll die Frau schwanger sein.

Wer solche Geschichten kennt, schaut vielleicht ganz bewusst mal nach unten, obwohl oben auf dem Rasen genug zu bestaunen ist: Da werden Riesen-Seifenblasen gezaubert, wird mit Keulen jongliert, getrommelt und getanzt. Multikulti und eine gepflanzte, aber auch wild gewordene Natur – beides macht den Mauerpark zwischen Prenzlauer Berg und Wedding so spannend.

Dass *Sedum acre* **Mauerpfeffer** heißt, hat natürlich nichts mit der Berliner Mauer zu tun. Als der Scharfe Mauerpfeffer seinen Namen bekam, bezog sich das auf den scharfen Geschmack der Blätter und seine Vorliebe für Mauern und Schutt. Aber der Name könnte auch symbolisch stehen für die geteilte Stadt. Seine sternchenförmigen Blüten überzogen den Mauerstreifen mit dicken gelben Polstern. Von der S-Bahn aus sah man sie vorbeihuschen, zwischen Lehrter Stadtbahnhof und Friedrichstraße z.B., wenn man zum „Tränenpalast" fuhr, der Ausreisehalle der Grenzübergangsstelle. Während andere grüne Bewohner im Mauergelände weggeätzt wurden, konnte er den Herbiziden trotzen, war resistent gegen alle Gifte, die im Todesstreifen auch Pflanzen totmachen sollten. So lebte der Mauerpfeffer recht konkurrenzlos hier.

Der gelb blühende Scharfe Mauerpfeffer hat seinen Namen wegen des scharfen Geschmacks. Dem Weißen Mauerpfeffer, oft auch Fetthenne genannt, fehlt die Schärfe.

Das Dickblattgewächs wird gern zur Dachbegrünung genutzt.

Nährstoffarme Sand- und Steinböden kann das Dickblattgewächs problemlos besiedeln, auch warm und trocken darf es sein, denn seine Blätter sind exzellente Wasserspeicher. Die Spaltöffnungen auf der Blattoberfläche – etwa 18 auf einem Quadratmillimeter – sind tagsüber bei „Wasserstress" geschlossen, ein äußerst wirkungsvoller Schutz vorm Verdunsten. Den kurzen fadenförmigen Wurzeln genügen wenige Millimeter Erde, zum Wasserziehen aus tieferen Bodenschichten sind sie unfähig. So bleibt nur der oberirdische Speicher-Trick. Ob an Bahngleisen oder auf trockenem Rasen, sandigen Brachen oder auf Dächern und Mauern – die blattsukkulente Pflanze hat viele Möglichkeiten, in der Innenstadt ein sonniges Dasein zu fristen.

Der Saft der Blätter wirkt kühlend und schmerzstillend. Wunden und Geschwüre wurden früher mit *Sedum acre* geheilt.

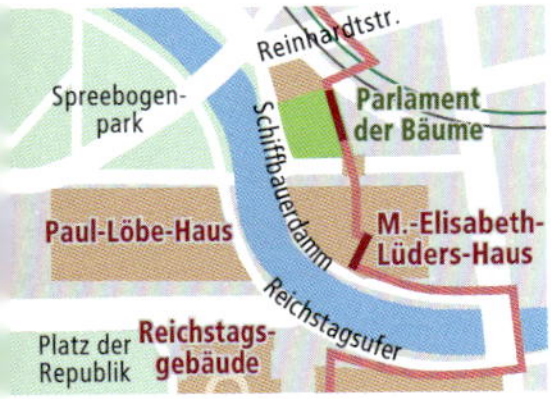

Der Verlauf der Berliner Mauer (hellrot) und die noch vorhandenen Segmente (dunkelrot).

Da gibt es eine grüne Oase im Herzen Berlins, die immer wieder fragend-interessierte Blicke auf sich zieht, Neugierige aber bisher draußen lässt. Gleich neben der Bundespressekonferenz am Schiffbauerdamm verrät eine leicht verwitterte Tafel, dass hier das **Parlament der Bäume** wächst. Dahinter laden Originalsegmente der Hinterlandmauer zum Nachdenken ein, sind mit Fragen, Mahnungen und symbolträchtigen Figuren übersät. Eine Reihe Grabsteine trägt die Namen der Mauer-Toten. Der Baumpate Ben Wagin hat hier einen Ort der Schönheit und Erinnerung geschaffen, kaum anderswo in der Innenstadt sind Tod und blühendes Leben so dicht beisammen.

Ein Meer bunter Tulpen ist im Frühling Augenweide zwischen Glas und Beton der Regierungsbauten. Später dann blühen Kastanien und Linden, im Herbst fallen Walnüsse und Eicheln auf den geschichtsträchtigen Boden und die gelb gefärbten Blätter von Ginkgo und Birke leuchten mit den roten der Wildbirne um die Wette. Kiefern liefern etwas Grün auch im Winter. Bäume, die über die Jahre gepflanzt wurden von Ministerpräsidenten, SenatorInnen und Bundestagsabgeordneten, als symbolische Zeichen gegen Krieg und Gewalt und die 28-jährige Teilung der Stadt.

Viele mussten weichen, dem Bau der Bundespressekonferenz und der Parlamentsbibliothek. Von 400 Bäumen sind nur 100 übrig geblieben, aber es ist immer noch eine erstaunliche Artenvielfalt auf kleinem Terrain.

Wird dieser Mauerrest im Regierungsviertel endlich unter Denkmalschutz gestellt, dann sind auch die Bäume gerettet.

Der Mauerpark

„Grenzraum wird zum Freiraum. Er ist eine große Lichtung in der Stadt. So einen Raum sollte man nicht vollstellen. Man durchwandert ihn, ist in Bewegung und befreit von der Dichte der umliegenden Stadt und der Nähe der Erinnerung."

Plakat von M. Butzmann, Frühj. 1990.

So der Entwurfsgedanke des Hamburger Landschaftsarchitekten Professor Gustav Lange zum Mauerpark – ein acht Hektar großes Areal im Prenzlauer Berg zwischen Bernauer und Kopenhagener Straße. Zur einen Seite ein baumbewachsener Hügel mit Amphitheater, zur anderen eine weitläufige Rasenfläche mit Trommel-, Basketball- und Spielplatz, einem Birkenhain. Gerade hindurch zieht sich die Schwedter Straße. Einst als Todesstreifen mit Sand bedeckt, der jede Spur sofort offenbarte, kam erst mit Baubeginn des Parks 1993 das alte darunterliegende Kopfsteinpflaster wieder zum Vorschein. Kleine, anders gepflasterte Quadrate am Straßenrand zeigen, wo einst die Fundamente der Grenzmauer standen. Es ist ein eigenwilliger Park, sparsam bepflanzt. Inmitten des Häusermeers kann man die Weite des Horizonts genießen, Offenheit, wo einst Enge war. Auf viele wirkt er nicht sehr gepflegt, doch auch das ergibt einen Sinn.

Der Boden ist zusammengepresst, hart, nährstoffarm. Nur ein halber Meter Erde wurde aufgeschüttet, mehr war aus Kostengründen nicht möglich. Und so soll hier wachsen, was mit diesen Gegebenheiten zurechtkommt, Wildwuchs ist nicht nur erlaubt, sondern sogar erwünscht. Nur zweimal jährlich, im Frühjahr und im Herbst, wird gemäht. Neben dem Grünflächenamt kümmert sich seit Jahren der Verein „Freunde des Mauerparks" um die Pflege. Juristen, Architekten, Ingenieure – zehn Anwohner gehören ihm an. Sie gießen die Bäume, beseitigen Müll, organisieren Feste. Vor allem aber engagieren sie sich für die Verwirklichung der ursprünglichen Idee: der Park als grüne Verbindung zwischen dem Ost- und Westteil der Stadt. Noch ist er nur ein Prenzlauer-Berg-Gewächs, fehlt das Gelände auf der Weddinger Seite. Das gehört einer Immobilienfirma, die es profitabel als Bauland nutzen will. Mindestens zehn Hektar groß soll der Park eigentlich werden, so will es der Vertrag mit der Allianz Umweltstiftung, die die Anlage mit 2,3 Millionen Euro unterstützte.

Der Graphiker Manfred Butzmann hatte mit einem Plakat einen grünen Streifen entlang der einstigen Mauer angeregt. Verwirklicht wurde das kaum. Gewinne durch hohe Bodenpreise zählten mehr.

16 Das Kanzleramt im Rausch

Stechapfel, Hanf, Bittersüßer Nachtschatten

Es gibt Ecken im Herzen der Hauptstadt, die schlummern so vor sich hin, obwohl ganz nahe das Leben tobt. Auf der einen Seite der Paul-Löbe-Allee wird Show gemacht, auf der anderen hohe Politik. Vom Kanzleramt zum Tipi-Zelt ging es im Sommer 2008 noch einen kleinen Hang hinunter, an dessen Fuße tödliche Giftigkeit lauerte.

Die Samen des Stechapfels sind hochgiftig.

Abgekippte Komposterde war wohl das Geheimnis seines Hierseins. Den **Stechapfel** bringt aufgewühlter Boden ans Tageslicht. Seine Samen können Ewigkeiten in der Erde ruhen, ohne ihre Kraft zu verlieren, Jahrzehnte, Jahrhunderte sogar keimfähig bleiben. So taucht *Datura stramonium* immer dort auf, wo umgebuddelt wird, bei Ausgrabungen, an Baustellen – oder eben hier, wo alte Erde abgeladen wurde.

Seine Heimat ist das subtropische Südamerika.

In der Tageshitze sehen die kleinen Giftpflanzen recht traurig und verschlossen aus, doch wenn am Abend die Show-Besucher kommen, öffnen sich die weißen trichterförmigen Blüten. Zu noch späterer Stunde verströmen sie einen starken, süßlich-bitteren Duft, der Nachtfalter magisch anzieht. Aber die menschlichen Nachtschwärmer haben die giftigen Innenstadtbewohner wohl kaum bemerkt, wer schaut sich schon einen grün bewachsenen Dreckberg an. Vielleicht war dieses Schattendasein ja gerade gut, denn das Gift ist nicht ohne, hat früher sogar als Mordwaffe gedient. Tod durch Atemlähmung – kein schöner Gedanke.

Alle Teile der Pflanze sind stark giftig, vor allem durch die Alkaloide Hyoscyamin und Scopolamin.

Indianer nutzten den Stechapfel schon seit Jahrhunderten auch als Heilmittel, als visionäre Droge oder als Aphrodisiakum. Im Europa des späten Mittelalters war er Teil der Hexensalben und Liebestränke. Die Alkaloide der Nachtschattengewächse wirken massiv auf das Nervensystem, erzeugen lebhafte Munterkeit, Redefluss, Bewegungsdrang. Aufgetragen auf die Haut, erlebten die Menschen Halluzinationen, z.B. von Hexenritten und erotischen Höhenflügen. Heute nimmt man andere Mittel.

Als die Europäer das Land der nordamerikanischen Ureinwohner eroberten, verloren sie eine Schlacht. Die Truppe, die die Indianer einkesseln sollte, kam zu spät. Der Koch hatte angeblich den „Jimson Weed", einen Stechapfel, für den Salat verwendet. Die Soldaten kämpften daraufhin gegen eingebildete Feinde.

So plötzlich wie er auftaucht, ist er auch wieder weg, der Stechapfel lebt nur ein Jahr. Es sei denn, den Samen gefällt es hier und es sind genügend Nährstoffe da. Dann wächst aus

Der stacheligen Kapselfrucht verdankt der Stechapfel seinen Namen.

einem schwarzen harten Samenkorn im nächsten späten Frühjahr ein leicht behaarter Keim, der sich bald teilt. So bekommt die Pflanze ihre typische verzweigte, spitzlose Form. Den ganzen Sommer lang produziert *Datura* weiße Blüten, während sich aus anderen schon „Äpfel" bilden, grüne stachelige Kugeln, „Stechäpfel" eben, die in den Achseln der Blätter sitzen. Zum Ende des Sommers springen sie auf und geben mehrere Hundert Samen frei.

Einige hatten Glück. Das Tipi-Zelt musste umziehen, eine neue Baustelle ist entstanden, mit frischem, guten Stechapfel-Boden. Hier kann die Giftpflanze nun weit höher wachsen und ist dem Kanzleramt noch näher gerückt, zum Glück hinter einem Bauzaun.

Beim Hanf wachsen männliche und weibliche Blüten in der Regel auf unterschiedlichen Pflanzen.

Das Harz aus dem Blütenbereich der weiblichen Pflanze bewirkt Rauschzustände und Sinnestäuschungen.

An der Kanzleramts-Ecke, wo die Willy-Brandt- zur Heinrich-von-Gagern-Straße wird, wächst im Sommer 2008 eine andere Rauschpflanze. Wie hat sich das **Hanf**-Exemplar, prächtig wie auf einem marokkanischen Feld, bloß hierher verirrt? Von einem Vogel fallengelassen, weil Hanfsamen im Vogelfutter war? Oder hat sich jemand einen Scherz erlaubt, wollte auf *Cannabis* aufmerksam machen, ein Gewächs, das bekanntlich die Gemüter spaltet? Diese fruchtreiche Hanf-Pflanze ist nicht die einzige am Straßenrand, ein paar Meter weiter steht eine kleinere und an der Kreuzung zur Scheidemannstraße die nächste.

Als im Sommer 2009 die jährliche Hanfparade, die für die Legalisierung der Geächteten als Rohstoff, Medizin und Genussmittel eintritt, hier vorbeizog, waren die Pflanzen nicht mehr da. Hanf stirbt, genau wie der Stechapfel, nach einer Lebensperiode. Sie sind einjährig, sagt der Fachmann.

Im Nikolaiviertel aber steht er garantiert immer, in einer Vitrine im Hanfmuseum. Es sind die einzigen legal wachsenden Hanfpflanzen in der Berliner City. Und: Hier wird viel erzählt über das Allround-Gewächs, das weit mehr kann als einen Rausch erzeugen.

Eine der ältesten Kulturpflanzen ist der Hanf. In China nutzt man ihn seit mehr als 10.000 Jahren. Über Indien und die antiken Hochkulturen im heutigen Irak kam der Hanf in alle Welt. Schon die alten Griechen und Ägypter trugen gern Hanf-Kleider, schätzten aber auch die Wirkung von Cannabis-Gebäck, das „Ausgelassenheit und Vergnügen hervorruft", so der römische Arzt Claudius Galen. Die berühmte Gutenberg-Bibel und die amerikanische Unabhängigkeitserklärung sind auf Hanfpapier gedruckt. Vom Mittelalter bis in die Neuzeit hinein half Hanf gegen allzu heftige Wehenkrämpfe und Schmerzen nach der Geburt. Die Fasern wurden zu Seilen, der fettreiche Samen zu Öl – und und und ...

Seine „Wiedergeburt" begann in den 1980er Jahren. Ob beim Hausbau oder in der Automobilindustrie, für Farben und Waschmittel, widerstandsfähige Textilien – Hanf ist wieder in Mode. Den Anbau von 14 Sorten hat die EU von Amts wegen erlaubt, cannabinolarme Zuchtformen natürlich. Aber wer denkt bei Hanf nicht doch zuallererst an Rausch, an Haschisch und Marihuana?

Hanf gibt es in vielen Variationen, z.B. Züchtungen für reißfeste Fasern, ölhaltige Samen, aber auch mit THC-haltigem Harz.

Nicht nur Seile – auch die erste Jeans war aus Hanf.

Der Hänfling mit der roten Brust, ein geselliger Singvogel, hat seinen Namen vom Hanf bekommen. Vögel vor allem verbreiten die Samen, die sich oft im Vogelfutter verstecken.

links: Die Vitrine im Hanfmuseum zeigt Pflanzen in unterschiedlichen Wachstumsphasen.

Der Nachtschatten ist eine „Pollen-Glockenblumen": Der Pollen wird erst durch aktives Vibrieren der Insekten freigegeben.

Und noch eine „gefährliche", vor allem aber berauschend-schöne Pflanze sucht die Nähe zum Kanzleramt. Sie hat einen festen Wohnsitz hier. Die Wurzeln des **Bittersüßen Nachtschattens** sind versteckt unter einer der vielen Hecken-Rechtecke auf dem Platz der Republik. Den Samen könnte ein Tiergarten-Kaninchen hier „hinterlassen" haben. Denn durch Verdauungsverbreitung findet *Solanum dulcamara* seine Standorte. Zweimal im Jahr, im Juni und September, wird die Pflaumendorn-Hecke mit der elektrischen Heckenschere wieder in Form gebracht. Zwischendurch können es die Bittersüß-Stängel schaffen und oben herauswachsen. Er ist ein kletternder Halbstrauch, ein „Spreizklimmer", die rückwärts gerichteten Seitensprosse dienen dem Einhakeln. So windet er sich in der Hecke hoch.

Kleine lila Blüten mit gelben Staubblättern prangen dann im Juli und August in Augenhöhe, umgeben von grünen und knallroten Beeren. Blühend und fruchtend zugleich – ein Merkmal vieler Nachtschattengewächse. Der Name der großen Familie bedeutet nicht, dass die Pflanzen in der Nacht blühen oder wachsen. *Nachtschade* ist ein altes Wort für Albtraum und meint die psychoaktiven Inhaltsstoffe. In reifen Früchten oder Knollen wie bei Tomaten und Kartoffeln wird das Gift abgebaut.

Blüten und Früchte hängen gleichzeitig an der Pflanze. Sie kann sowohl klettern als auch am Boden entlang kriechen.

Die grünen *Dulcamara*-Beeren vor allem sind es, vor denen man sich hüten sollte, sie sind am giftigsten, in ihnen ist der Alkaloid-Anteil am höchsten. Die knallroten verlocken eher zum Essen, dann aber ist das Nervengift schon fast verschwunden. Und sie schmecken auch nicht mehr bitter, eher süßlich. Bittersüß – das gab der Pflanze den Namen.

Erlenbrüche und Waldlichtungen waren einst sein Terrain, doch der Nachtschatten hat sich inzwischen auch ans Trockene gewöhnt. Ein bisschen Feuchtigkeit aber gefällt ihm noch immer: Am Spreeufer zum Schlossplatz hin wuchs er und in einer Senke am Rande des Wertheim-Geländes. Wer offenen Auges durch die City wandert, wird die Giftig-Schöne schon irgendwo finden, z.B. am Fuße eines Pollers in der Paul-Löbe-Allee, nur wenige Meter weg vom Kanzleramt.

Hundbeere, Mäuseholz, Natternholz, Pissranke, Saurebe, Stinkteufel, Teufelsklatten, Wolfsbeere – der Nachtschatten hat wenig schmeichelhafte Namen von den Menschen bekommen.

Von Morden und Orgien

„Ihr kennt den redlichen Sokrates / Der stets die Wahrheit sprach: / Ach nein, sie wussten ihm keinen Dank / Vielmehr stellten die Obern böse ihm nach / Und reichten ihm den Schierlingstrank." (Bertolt Brecht: Das Salomon-Lied.)

Jacques-Louis Davids: Der Tod des Sokrates, 1787.

399 v. Chr. leerte der griechische Philosoph Sokrates den Becher mit dem tödlichen Inhalt. Seine konservativen Mitbürger hatten ihm u.a. „schädliche Beeinflussung der Jugend" und „Gottlosigkeit" vorgeworfen. Das Getränk war damals als Strafvollzugsmittel in Mode. Bis heute zählt der Gefleckte Schierling zu den giftigsten einheimischen Pflanzen. Sein Wirkstoff, das Alkaloid Coniin, kann für Erwachsene schon in einer Dosis von nur einem halben Gramm tödlich sein. Es wirkt auf das Nervensystem, der Tod tritt durch Atemlähmung ein.

Seit alters her sind Giftmorde eine gängige Methode, unliebsame Mitmenschen aus dem Weg zu räumen. Berühmte Herrscher wie der römische Kaiser Claudius fielen solchen Anschlägen zum Opfer. Seine Frau hatte ihm Pflanzengift ins Essen gemischt. Um solcher Gefahr zu entgehen, wurden auch bei den preußischen Königen Vorkoster und Mundschenke eingesetzt, und ein gekröntes Haupt neigte sich erst dann über Teller und Becher, wenn diese den Genuss von Speis und Trank überstanden hatten.

Doch auch Erfreulicheres steht geschrieben. Die Literatur berichtet von Orgien mit geheimnisvollen Liebes- und Zaubertränken, von sagenhaften „Hexensalben", mit denen sich die Teilnehmer einrieben, um zum sogenannten Hexensabbat „zu fliegen". Vor allem Nachtschattengewächse wie Bilsenkraut, Tollkirsche und Stechapfel werden immer wieder als Ingredienzen genannt. Wissenschaftler haben heute dafür eine einfache Erklärung: die halluzinogenen Inhaltsstoffe Scopolamin und Atropin. Ersteres verursacht einen halb wachen Zustand, wobei die Willenskraft stark beeinträchtigt ist, Denk- und Sprachfähigkeit jedoch erhalten bleiben. Atropin wirkt anregend auf das Zentralnervensystem. Beide können einen Zustand des Schwebens vorgaukeln und wecken außerdem noch sexuelle Lust. Eisenhut wurde ebenfalls gern und häufig genutzt. Es enthält das Alkaloid Aconitin, ein Nervengift, das heute wie Morphin oder Chinin in der Pharmazie eingesetzt wird. Falsch dosiert ist jedes dieser Gewächse hochgiftig.

17 Erstaunliche Vielfalt

Ackerfilzkraut, Sandstrohblume

Welche Arten wachsen in Berlin? Sind es mehr als früher? Was ist verschwunden, was vielleicht wiedergekommen? Noch einmal nimmt der Pflanzendetektiv das unscheinbare Kraut unter die Lupe. Jahrzehntelang war es in Berlin nicht mehr gesichtet worden, nun steht das verschollen Geglaubte in einer Pflasterritze vorm Parlament der Deutschen.

Bernd Machatzi bei der floristischen Spurensuche.

Filzkraut vorm Reichstag? Weißwollig sind Stängel und Blätter, die Blütenköpfchen ein Knäuel. Derjenige, der *Filago arvensis,* das **Ackerfilzkraut**, Mitte der 1990er Jahre hier entdeckt, ist auf Pflanzenpirsch. Fast jedes Wochenende durchstreift Bernd Machatzi mit Gleichgesinnten vom „Botanischen Verein von Berlin und Brandenburg" die Stadt. Berlin haben sie aufgeteilt in 153 Planquadrate und jeder sucht akribisch „seine" Stellen ab. Ein Atlas der Farn- und Blütenpflanzen soll entstehen, wie ihn London und Rom, Zürich und Wien längst haben. Die jahrzehntelang geteilte deutsche Hauptstadt hat Nachholbedarf. Nach dem Mauerfall gab es in Ost und West auch botanische Aufbruchstimmung.

Das Ackerfilzkraut ist verwandt mit dem alpinen Edelweiß. Es ist in Mitteleuropa stark gefährdet.

Zu DDR-Zeiten, als um Berlin die Felder intensiv und mit viel Chemie beackert wurden, war kein Platz mehr zum Leben, verschwand das Ackerfilzkraut wie andere Wildkräuter auch. Doch dann, als die Bauern Stilllegungsprämien bekamen, Felder verwilderten, gab es eine neue Chance. Darauf hatten die Samen im Boden nur gewartet. Keine Herbizide machten ihm nun den Garaus, keine Feldkulturen nahmen ihm mehr Licht und Nährstoffe weg.

Dass es auch in die Stadt zurückgefunden hat, verdankt das Filzkraut einer besonderen Eigenschaft: Die Samen mit den kleinen Fallschirmchen sind so leicht, dass der Wind sie kilometerweit mit sich tragen kann. Mitte der 1990er Jahre sorgte *Filago* bei Fachleuten noch für Staunen, mittlerweile hat es die Stadt erobert.

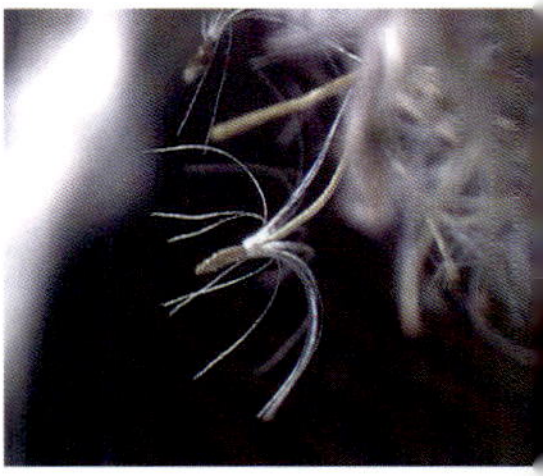

Die federleichten Samen als Makroaufnahme.

Schuhsohlen treten den pelzigen Winzling nieder, doch im Vergleich zum Überlebenskampf auf den intensiv bewirtschafteten Feldern von damals ist das Dasein in der City fast ein Vergnügen.

Ein dichtes weiß-wolliges Haarkleid überzieht alle grünen Teile der Sandstrohblume. Es schützt die Pflanze vor dem Austrocknen. Die Hüllblätter sind durch Flavone gelb gefärbt.

Auf die **Sandstrohblume** sind die Berliner Pflanzendetektive besonders stolz. Mehr als 800 Arten an Farn- und Blütenpflanzen haben sie allein im Berliner S-Bahn-Ring aufgespürt, darunter auch den kleinen Schatz *Helichrysum arenarium*. Fachkollegen aus anderen Bundesländern schauen neidisch auf die zartgelben Polster mitten in der Stadt. Die Spezialistin der Dünen und des Sandrasens genießt die Abgeschiedenheit so mancher Brache im früheren Mauerstreifen, ob am Nordbahnhof oder in der Kommandantenstraße gegenüber der Bundesdruckerei. Gepaart mit dem trockenwarmen Stadtklima kann es ihr besser kaum gehen.

Eine Stroh-Blume im Sande. Sterben die Hüllblätter ab, werden sie glänzend und strohig. Dass die zierlichen Gelben auch nach dem Pflücken noch lange ihr Aussehen behalten, hat man sich früher zunutze gemacht. Zu Immortellenkränzen gebunden – von lat. *immortalis*, unsterblich – schmückten sie so manches Grab. Zusammen mit den rosafarbenen Verwandten, den Katzenpfötchen, gab das ein zartes, anrührendes Bild und ein lange währendes. Doch die gelben Immortellen erfüllten noch andere Zwecke: Ein *Helichrysum*-Sträußchen half Motten zu vertreiben. Und „Katzenpfötchenblütentee", der heute noch als Hustenmittel verkauft wird, ist eigentlich ein Getränk aus Sandstrohblumen.

Egal wofür, der kleine Korbblütler sollte heute nicht mehr abgepflückt werden. In Berlin steht die Trockenpflanze zwar nicht auf der Roten Liste, aber in Deutschland gilt sie als gefährdet und ist nach Bundesartenschutzverordnung geschützt.

Die Verbreitungskarte zeigt, wo die Sandstrohblume und das Ackerfilzkraut heute wachsen und wo sie früher standen.

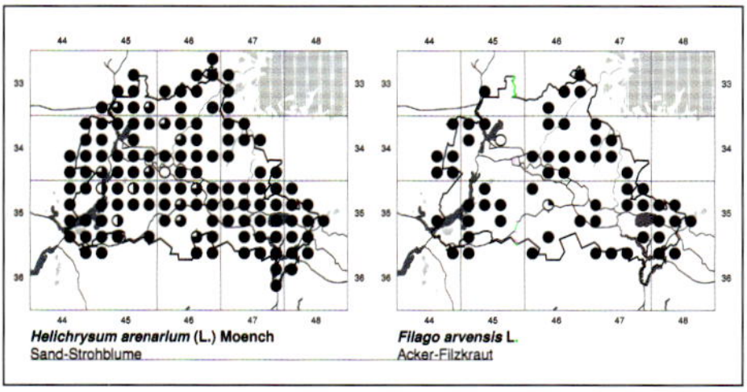

Der Botanische Verein

„Eine größere Anzahl Teilnehmer, darunter auch eine Dame, fuhren am Sonnabend, den 10. Juni, um 1 Uhr 20 vom Lehrter Fern-Bahnhof nach Glöwen, um dort in die Havelberger Lokalbahn umzusteigen, die sie nach zehn Minuten Fahrt bei der Station Nitzow verließen. Eine größere Anzahl Havelberger Herren … erwartete sie am Bahnhof, und unter ihrer Führung wanderte man dann längs der Havel-Ufer über Dahlen und Toppel nach Havelberg." So heißt es 1911 im Bericht über die 94. Hauptversammlung des „Botanischen Vereins der Provinz Brandenburg".

Paul Ascherson bei einer Exkursion.

Einfach war es nicht zu jener Zeit, das etwas abseits der großen Verkehrsstraßen gelegene Havelberg zu erreichen. Die Herren, die damals so manche Unbequemlichkeit auf sich nahmen, weil sie das heimische Pflanzenreich erkunden wollten, waren meist Lehrer, Ärzte oder Apotheker. Ob die Dame einem Beruf nachging, ist nicht bekannt. Unter den Teilnehmern der Exkursion war auch ein etwas korpulenter Herr mit Hut, der damals gerade 77 Jahre alt gewordene Ehrenvorsitzende Doktor Paul Ascherson. Der Mediziner und Botaniker hatte am 15. Juni 1859 in Eberswalde den „Botanischen Verein für die Provinz Brandenburg und die angrenzenden Länder" mit gegründet und galt jahrzehntelang als dessen „Seele". Seine *Flora der Provinz Brandenburg* von 1864 ist noch immer eine wahre Fundgrube für Lokalfloristen und als Nachdruck beim Verein erhältlich.

Der „Botanische Verein von Berlin und Brandenburg" – wie er heute heißt – ist einer der ältesten in Deutschland. Seine mehr als 300 Mitglieder erforschen neben den Farn- und Blütenpflanzen auch Pilze, Moose und Flechten. Über ihre Entdeckungen berichten sie regelmäßig in Vorträgen und Publikationen wie den *Verhandlungen*, die seit der Gründung erscheinen. Um die Flora und ihren Wandel zu dokumentieren, haben sie bisher rund 7.000 getrocknete und gepresste Berliner Pflanzen in einem Herbar zusammengetragen. Und natürlich finden nach wie vor Exkursionen statt. In Berlin verbindet der heutige Ehrenvorsitzende, Professor Sukopp, dabei Botanisches mit der geschichtlichen Entwicklung der Stadt. Höhepunkt aber ist die jährliche Botanikertagung. Wie einst gehen dann Mitglieder und Interessierte auf Erkundungsreisen ins Umland. Übrigens, deutlich mehr Damen sind nun dabei.

18 Rasen betreten erlaubt

Weißklee, Gänseblümchen

Auf manchem Rasen liegen weißliche Polster. Wachsen auch mal so weit in die Höhe, dass man kleine Sträußchen pflücken könnte. Doch wer käme auf diese Idee? Ist ja nur läppischer Klee. Wie viele Schuhsohlen und nackte Füße an schönen Sommertagen auch darauf rumlaufen – den hellen Kugel-Blüten scheint das nicht viel auszumachen. Andere würden das nicht ertragen.

Die Blätter sind meist dreiblättrig, manchmal mit weißlicher Querbinde. Wer ein vierblättriges Kleeblatt findet, kann von Glück sprechen.

Der **Weißklee** kann den Tritten recht gut widerstehen. Dicht am Boden hangelt er sich entlang, mit Trieben, die sich immer weiter verzweigen. An den Knoten schlagen sie Wurzeln. So kann eine einzige Pflanze des Kriechklees im Verlauf eines Sommers mehrere Quadratmeter bedecken. Ein sehr einnehmendes Wesen also hat der kleine Klee.

Und dazu eine mächtig lange Pfahlwurzel, die noch Wasser und Nährstoffe aus der Tiefe ziehen kann, wenn die Sonne den Gräsern drum herum längst die Kraft geraubt hat. Resistent gegen Tritt und Trockenheit, da macht *Trifolium repens* so ziemlich allen was vor.

Die weißen Köpfchen sehen unten oft schon traurig aus, wenn oben noch alles in schönster Blüte steht. Denn die vielen Einzelblüten, die kugelig zusammenstehen, blühen von unten nach oben auf. Sind sie abgeblüht, lassen sie sich einfach hängen, schlagen den langen Stiel, an dem sie sitzen, nach unten um. Bräunlich-rosa werden sie dann und haben ihren eigentlichen Sinn verloren, nämlich Insekten anzulocken.

Kugeliges Köpfchen mit 40 bis 80 Einzelblüten.

Die frischen Blüten oben aber verführen noch mit ihrem schwachen Honigduft, hier tummelt sich alles: Bienen und Hummeln, Tagfalter und Schwebfliegen. Denn die Schmetterlingsblüten enthalten viel Honig, der an der Innenseite der Staubblätter abgesondert wird und durch einen speziellen Mechanismus an den Besuchern hängen bleibt.

So ist der Weißklee eine außerordentlich gute Bienentrachtpflanze und wird mancherorts sogar angebaut. 100 Kilo Honig je Hektar sollen in einer Saison möglich sein. Hier aber bringt er nur etwas Abwechslung ins Rasengrün.

Was wie eine einzige Blüte aussieht, sind mehr als 100 einzelne: innen die gelben Röhrenblüten, drum herum die weißen weiblichen Zungenblüten.

Dem **Gänseblümchen** ist auf den meisten City-Rasen viel zu viel los, das verkraftet es nicht. Es sucht sich ruhigere Plätzchen. Gut gepflegte Ecken sind genau das Richtige für *Bellis perennis*, die Schöne. Der lateinische Name *bellis* bedeutet schön, *per* heißt durch und *annus* Jahr, also frei übersetzt: schön und ausdauernd oder die Hübsche, die das ganze Jahr hindurch blüht. Das ist nicht vielen Pflanzen gegeben, und so ist das kleine Gänseblümchen etwas ganz Besonderes.

Das wussten schon die alten Germanen. Die sich öffnende Blüte verkündete die Anwesenheit des Sonnengottes Baldur. Ist es dunkel und feucht, schließt sich der Blütenkopf, sobald ihn aber ein Sonnenstrahl trifft, öffnet sich das Blütenkörbchen und reckt sich wohlig der Sonne entgegen.

Sagen und Geschichten gibt es durch die Jahrtausende. Eine christliche Legende erzählt, dass die zarten Blümchen den Tränen Marias entsprangen, als die Heilige Familie auf der Flucht nach Ägypten war. Marienblümchen also oder Augenblümchen, aber auch ganz praktisch: Angerblümchen, Gänseliesel, Maßliebchen. Der Anger war ein freier Grasplatz inmitten des Dorfes, wo Mädchen Gänse hüteten.

Eine abgeweidete Wiese entspricht genau den Vorlieben der kleinen Pflanze. So ist ihr ein gepflegter Rasen, der oft gemäht wird, gerade recht. Denn das Gänseblümchen braucht viel Licht. Es blüht, bevor Gräser und Kräuter ihm über den Kopf wachsen. Zwischen März und Oktober bringt die Blattrosette gestielte Blütenkörbchen hervor. Die Speicherpflanze überlebt selbst den Winter im Schnee.

Gänseblümchen sind eine gute Beimischung zum Salat. Am besten geeignet sind die jungen Blättchen aus dem Inneren der Rosette. Die Blütenknospen schmecken angenehm nussartig, die geöffnete Blüte leicht bitter. Sauer eingelegte Knospen sind auch Kapernersatz.

Aber vielleicht will man das ja gar nicht so genau wissen, sondern sich einfach freuen am strahlenden Weiß-Gelb. Mal wieder das alte Zählspiel machen „Er liebt mich, er liebt mich nicht …". Oder den Kindern erzählen, wie man früher Kränze geflochten hat. Und dass in Harry Potters Schrumpftrunk auch zerkleinerte Gänseblümchenwurzeln kamen. In der keltischen Mythologie nämlich kann der Genuss der kleinen Pflanze das Wachstum dämpfen. Die Kleinsten können eben manchmal die Spannendsten sein.

Auf die richtige Mischung kommt es an

„Aaach ist das schööön, aaach ist das schööön, aaach ist der Rasen schön grün ...", staunte einst der auch in Berlin gern gesehene Kabarettist Wilhelm Bendow. Und er hatte recht. Denn eigentlich ist es mehr als erstaunlich, dass mitten in der Stadt Rasen grünt, wird er doch mehr belastet als ein Fußballfeld.

Sonntagsvergnügen im Tiergarten.

Tausende nutzen ihn täglich, sitzen, liegen, stehen auf ihm herum. Wie hält er das nur aus? Das Geheimnis liegt in der richtigen Zusammensetzung. Vier bis fünf verschiedene Grassorten werden in unterschiedlichen Anteilen gemischt. Große Mengen von Weidelgras und Schwingel bringen hohe Trittfestigkeit und starke Verzweigungen im Wurzelbereich die notwendig sind für einen strapazierfähigen „Gebrauchsrasen". Für den Tiergarten wurde übrigens schon vor Jahrzehnten eine ganz eigene Mischung erfunden.

300 Hektar Rasenfläche gibt es in Mitte. Das ist fast so viel wie 350 Fußballfelder und nach Einschätzung von Jürgen Götte vom Grünflächenamt des Bezirks mehr als in den Zentren anderer europäischer Hauptstädte. 20 Mitarbeiter kümmern sich um den Rasen. Wöchentlich wird gemäht. Vier Zentimeter ist die optimale Wuchshöhe. Das Schnittgut bleibt liegen, dient so gleich wieder als Nährstoff. Im April oder Mai, wenn der Rasen sehr regenerationsfähig ist, wird belüftet, vertikutiert wie es in der Fachsprache heißt. Kleine Messer ritzen dabei die Grasnarbe auf, um Mulch, verrottete Schichten und Moos zu entfernen. Anschließend kommt der Aerifizierer ins Spiel. Eine Maschine, die zehn Zentimeter tiefe Löcher in die Rasenfläche sticht. Immerhin 300 auf einen Quadratmeter. Diese werden dann mit einem Sand-Boden-Gemisch wieder aufgefüllt. Dadurch wird der durch die ständige Nutzung verdichtete Boden aufgebrochen, das Wasser kann wieder besser eindringen, ebenso die Nährstoffe. Denn jetzt wird gedüngt. Mit einem Langzeitdünger, der nach und nach wichtigen Stickstoff, Kali und Phosphor abgibt. Dann wird's richtig gefährlich: Vorsicht Rasensprengung! Warum man den Rasen sprengt, wenn man ihn bewässert, hat mit den Besonderheiten der deutschen Sprache zu tun. *Spargere* ist das lateinische Lehnwort, das verteilen bedeutet. Später wurde daraus sprengen, und durch Weglassen des Objekts wird nicht mehr Wasser auf den Rasen, sondern der Rasen gesprengt. Also statt Dynamit gibt's Nass, bei Hitze zweimal wöchentlich 20 Liter pro Quadratmeter, natürlich Spreewasser.

19 Am Straßen- und Wegesrand

Wegwarte, Huflattich, Mäusegerste, Leinkraut, Beifuß, Fuchsschwanz

Mit Ohrstöpseln vorm Quietschen der Straßenbahnen und Surren der Autoreifen geschützt, könnte man sich auf einer bunten Wiese wähnen. Es sind die Mittelstreifen stark befahrener Straßen, der Mollstraße, die Prenzlauer Berg, Mitte und Friedrichshain verbindet, und der Otto-Braun-Straße gleich um die Ecke. Neben dem Pflanzendurcheinander hasten die Leute bei Ampelgrün über die Fahrbahn. Wer hat schon einen Blick fürs Stadtunkraut?

Die Blüten der Wegwarte folgen dem Sonnenverlauf. Allerdings nur vormittags, danach schließen sie sich. Bei kühlem Wetter bleiben sie bis in die Abendstunden geöffnet.

Der Sage nach ist sie eine verwunschene Jungfrau, die am Wege auf ihren Liebsten wartet. Und irgendwie scheint die **Wegwarte** tatsächlich zu verharren, aufrecht und steif Ausschau zu halten mit ihren himmelblauen Augen. Man würde die Sperrige mit der durchlässigen Gestalt glatt übersehen, wären da nicht diese leuchtenden Körbchenblumen, die nur aus Zungenblüten bestehen.

Die Kulturformen von *Cichorium intybus* sind Chicorée, Radiccio, Zuckerhut und Zichorienwurzel. Vor allem die Wurzeln dienten schon im Altertum den Griechen und Römern als Heilpflanze und Gemüse. Der Inhaltsstoff Inulin z.B. regt den Gallenfluss an und senkt den Harnsäurewert. Die Blätter wurden zum magenstärkenden Salat. Der in den Stängeln enthaltene Milchsaft half gegen Augenleiden und Vergiftungen. Viel später kam man auf die Idee, Kaffee aus den Wurzeln zu machen. Friedrich der Große hatte den teuren Übersee-Kaffee für das einfache Volk verboten und als Ersatz große Zichorien-Kulturen anlegen lassen. Die durch Züchtung längst größer und fleischiger gewordenen Wurzeln wurden getrocknet, geröstet und dann wie Bohnenkaffee gemahlen. Ende des 18. Jahrhunderts entstanden in Deutschland die ersten Zichorienfabriken für den falschen Kaffee, den Muckefuck.

Chicorée (französisch für Zichorie) besteht aus den ersten Trieben einer Zucht-Wegwarte.

Die Blume des Jahres 2009 ist wahrlich ein guter Freund des Menschen. In der Bachblütentherapie soll sie helfen, besser loszulassen, seine Mitte zu finden.

Wenn Sie also einer Zichorie begegnen, schauen Sie der „Blauen Blume der Romantik" mal tief ins schöne Gesicht.

Gulasch mit Huflattichblüten: die jungen Blüten fünf Minuten blanchieren und mit dem fertigem Gulasch vermischen.

Die Blätter werden wegen ihrer weichen Behaarung auf der Unterseite bei Naturfreunden auch „Wanderers Klopapier" genannt.

Als erster im Jahr aber erfreut uns der **Huflattich** am Wegesrand. Wie kleine gelbe Sonnen schauen die Blüten manchmal schon Ende Februar aus der Erde, lange bevor ein Blatt zu sehen ist – endlich wieder Farbe nach dem Wintergrau. Es ist ein hübsches Schauspiel, wenn sie sich öffnen: Eine nach der anderen blättert sich aus rötlichen Schuppen heraus, bis die 30 Röhrenblüten und 300 Zungenblüten ein strahlendes Körbchen bilden. Das ist auch für Bienen, Käfer und Schwebfliegen ein gutes Zeichen, eine der ersten Nahrungsquellen. Aber pünktlich am Abend schließen sich die Köpfchen und nicken ein.

Die Hufeisenform der jungen Blätter gab dem Huflattich seinen deutschen Namen. Der botanische *Tussilago farfara* weist auf seine Verwendung hin: *Tússis* heißt Husten und *ago* soviel wie vertreiben. Schon in der Antike bekämpfte man mit seiner Hilfe den Husten.

Eine Pionierpflanze der Wegränder ist er. Allerdings muss der Boden recht fett, möglichst lehmig sein. Ein bisschen Feuchtigkeit dazu, und *Tussilago* geht es richtig gut. Für Fachleute ist der Huflattich an Straßenrändern ein „Verdichtungszeiger". Selbst auf reiner Braunkohle soll der Korbblütler schon beobachtet worden sein. Das kann sonst keiner.

Hier in der Stadt hängt es von anderen Pflanzen ab, wie lange der Rohboden-Besiedler an einer Stelle bleiben kann. Wird er nicht verdrängt, können aus seinem langen kriechenden Wurzelstock im nächsten Frühjahr wieder nach und nach die Blütenköpfchen kriechen und zu kleinen gelben Sonnen werden.

Getreide am Schlossplatz? Nein, es ist „nur" die **Mäusegerste**, die sich neben der Attrappe der Schinkelschen Bauakademie eingerichtet hat. Der angebauten Gerste sieht sie sehr ähnlich, *Hordeum murinum* aber ist eine echte Stadtpflanze, Licht und Wärme liebend. Die wiegenden Ähren mit den langen Grannen bringen vom Frühjahr bis weit in den Herbst hinein etwas Landstimmung in die City.

Es ist ein einjähriges Gras, das im Herbst keimt und im folgenden Jahr blüht und reif wird. Zur Mehlgewinnung taugt es nicht, aber die Mäuse lieben seine Frucht.

Das auffällige Gelb des **Gewöhnlichen Leinkrauts** ist ein schöner Schmuck am Straßenrand und kann selbst mitten auf dem Fußweg leuchten. Der zarten Pflanze sieht man die enorme Lebenskraft nicht an. Die steckt in der Hauptwurzel, die einen Meter tief in den Boden hinabreicht und unterstützt wird durch lange waagerechte Wurzelsprosse, eine gute Sicherung nach unten also. Was wir oben sehen von *Linaria vulgaris* erinnert an das Löwenmaul im Garten. Die schwefelgelbe Oberlippe und die orangegelbe wulstige Unterlippe aber sind fester geschlossen. Ein federndes Gelenk presst sie zusammen, für viele Insekten ein echtes Problem. In die Blüte schaffen es nur lange Rüssel, wie die von Hummeln z.B., oder sehr schmale, wie sie mancher Falter hat. Eine „Kraftblume“ also in jeder Beziehung, obwohl man ihr das auf den ersten Blick nicht zutraut.

Die Blüten des Leinkrauts erinnern an Löwenmäulchen.

Der **Beifuß** ist immer da und fast überall. Im Sommer als recht unscheinbar blühender krautiger Busch, als dürres Stängelgerippe im Winter. An ihm wird vorbeigegangen, ohne hinzusehn. Doch die Weihnachtsgans wäre ohne seine Würze und verdauungsfördernden Eigenschaften ganz schön fade und fett. Er war Fliegenfänger, wegen seines aromatischen Geruchs. Saßen viele Fliegen auf den aufgehängten Zweigen, wurde einfach ein Sack drübergestülpt. Aus den getrockneten Pflanzen wird bis heute das Parfümöl „Essence d`Armoise“ hergestellt.

Die fiederteiligen Blätter sind, im Gegensatz zum Wermut, oben dunkelgrün und nicht behaart.

Der Name *Artemisia vulgaris* aber weist noch auf ganz anderes hin: Artemis war nicht nur die griechische Göttin der Jagd und des Waldes, auch die Hüterin der Frauen, Schützgöttin der Gebärenden. Zu ihren Attributen gehörte das Wermutkraut. Beifuß wird auch Wilder Wermut genannt und war Heilmittel gegen Frauenleiden. Auch altsteinzeitliche Großwildjäger sollen die aromatische Pflanze geschätzt haben, rieben sich vermutlich vor der Jagd mit Beifuß ein und tarnten so ihren Körpergeruch. Die Römer hängten Beifußkränze ins Haus, um unsichtbare Störgeister zu vertreiben. Beifuß in die Schuhe gelegt oder ans Bein gebunden sollte Wanderer vor Müdigkeit schützen, meinte Plinius. Bauern steckten zur

Die Germanen glaubten an den Liebeszauber eines Beifußgürtels: Er bringe den Lenden die Kraft eines Donnergottes und öffne den heiligen weiblichen Schoß.

Johanniszeit Beifußzweige über die Haustür oder unter das Dach, um Blitze fernzuhalten. Und gegen Hagelschlag, der die Ernte vernichten könnte, wurde Beifuß an den Ecken des Feldes in die Erde gesteckt.

So viel Geschichte, so viele Geschichten am Wegesrand. Wer Beifuß nun ernten möchte, zumindest zum Würzen, sollte die Triebspitzen abschneiden, solange die unscheinbaren Blütenkörbchen noch geschlossen sind, danach werden die Blätter bitter. Dann im Schatten trocknen, rebeln und in verschließbaren Gefäßen aufbewahren – spätestens bis zur fetten Weihnachtsgans, die mit Beifuß ausgerieben erst gut bekömmlich wird und richtig schmeckt.

Anders als der Beifuß muss sich der **Zurückgekrümmte Fuchsschwanz** jedes Jahr neue Plätze in der City suchen. Hat ein glänzend schwarzes Samenkörnchen geeigneten Boden gefunden, kann es schnell zur halbmeterhohen aufrechten Pflanze werden. Wird sie besonders groß, biegt sich der längliche Blütenstand und kriegt einen Buckel. Manchmal auch erst, wenn dieser „Fuchsschwanz" älter geworden ist und die Last der vielen Nuss-Früchte mit den unzähligen Samen nicht mehr tragen kann.

Das altes Brotgetreide der Anden ist heute auch Zier- und wilde City-Pflanze.

Amaranthus retroflexus tauchte in Deutschland 1815 auf. Amarant mit seinen mehr als 60 Arten kommt eigentlich aus Amerika und ist eine der ältesten Nutzpflanzen. In Mexiko wurden Amarant-Samen in fast 9.000 Jahre alten Gräbern gefunden. Bei den Azteken, Inka und Maya waren die getreideähnlichen Körner, die an Hirse erinnern, neben Quinoa und Mais eine Hauptnahrung.

Das Brotgetreide der Anden, der Inkaweizen, wird nun auch bei uns entdeckt. Nicht gerade der Zurückgekrümmte Fuchsschwanz aus der City, aber Körner- und Gemüsesorten oder beides kombiniert liefern wertvolles Eiweiß, Kalzium, Kalium, Lysin und Vitamin C. Wie Reis oder Hirse gekocht, zu Mehl gemahlen oder gepufft im Müsli, vieles ist möglich.

Nach all der Aufregung am Straßenrand klappt die Pflanze abends einfach ihre Blätter hoch und geht schlafen.

Staubfänger gesucht

„Sieht räudig aus, wie ein Straßenköter." „Es erinnert an einen Feldweg." „Typisch Berlin – wild eben." „Pflanzen sind das Wichtigste, egal welche." „Toll, was da wächst, von allem etwas." So äußerten sich Passanten zu der wilden Vegetation auf dem Mittelstreifen der Warschauer Straße.

Forscherinnen am Untersuchungsgebiet in der Karl-Marx-Allee.

Angehende Landschaftsplaner und Stadtökologen hatten hier eine Umfrage durchgeführt. Das unerwartete Ergebnis: Zwei Drittel der 230 Interviewten akzeptierten den Wildwuchs. Störend empfanden alle nur den herumliegenden Müll – Papier, Becher, Flaschen. Mit der Aktion begann ein Forschungsprojekt der Technischen Universität.

Berlin hat mit rund 5.300 Kilometern ein dichtes Netz von Straßen. An vielen ziehen sich Grünstreifen entlang, gibt es Blumenrabatten. 80 Millionen Euro jährlich lässt sich der Senat den Erhalt der öffentlichen Grünflächen kosten. Das klingt gut, aber es sind fünf Millionen weniger als noch vor fünf Jahren und zu wenig für die Grünflächenämter der Stadtbezirke, die für die Pflege zuständig sind. Sollte man da nicht einfach mehr Flächen der Natur überlassen? Und kann dadurch, ähnlich wie durch die Pflasterritzen, sogar die Berliner Luft verbessert werden?

Das wollen die jungen Stadtökologen wissen. Gleich um die Ecke in der Karl-Marx-Allee liegt ihr Untersuchungsgebiet, eins von zwölf in der Stadt. Hier tobt der Verkehr. Täglich 60-tausend Autos rasen vorbei, hinterlassen lebensgefährlichen Feinstaub. Auf einer kleinen Fläche auf dem ansonsten gemähten Rasen des Mittelstreifens schießt empor, was von allein hier wachsen würde: Lösels Rauke, Graukresse, Hirtentäschel, Spitzwegerich, Mäusegerste und vieles andere. Jede Pflanze hat eine andere Oberflächenstruktur, und die jungen Forscher werden vor allem deren ganz besondere Fähigkeit als „Staubfänger" untersuchen. Die giftigen Partikel aus dem Verkehr – so die Hypothese – lagern sich ähnlich wie bei Bäumen auf ihren Blättern ab, werden dadurch nicht wieder aufgewirbelt. Regen wäscht sie ab, und sie werden im Boden festgesetzt. Durch Analysen im Labor erhoffen sich die Experten Antwort auf die Frage: Wie viele und welche Schadstoffe können diese Pflanzen auffangen, und wer ist ein besonders guter „Staubfänger"? Mit diesem Wissen werden vielleicht bald alle Berliner im wilden Grün am Straßenrand anderes sehen als nur Unkraut und Gestrüpp.

20 Die Unerwünschten

Ambrosia, Laubholzmistel

Möglichst vor der Blüte sollen die Pflänzchen verschwinden, ehe sie ihre allergieauslösenden Pollen rumschleudern können. Erst im Herbst aber hatte eine Anwohnerin, die auf dem verwilderten Gelände am Bahnhof Südkreuz ihre Wildblumen-Sträuße pflückt, die „Bösen" entdeckt. Wusste, dass man Funde melden soll und informierte das Grünflächenamt.

Der „Vernichtungsauftrag" für die **Ambrosia**-Kolonie ging an die meco, einen Berliner Bildungs- und Beschäftigungsträger. Dort hat sich eine Gruppe Männer auf den Kampf gegen die ungeliebte Stadtbewohnerin spezialisiert. Anfang Oktober waren sie erstmals auf der Brache und zogen über 300 Pflanzen raus. Doch da lagen schon unzählige Samen auf dem Boden, um im nächsten Jahr auszutreiben. So müssen sie Monate später wieder hin. Im Juni endlich sind die Keimlinge groß genug, um sie als Ambrosia zu erkennen, in jüngerem Stadium sind sie leicht mit Beifuß zu verwechseln. Jetzt können die Pflanzen-Scouts noch ohne Feinstaubmaske arbeiten. Im Spätsommer, zur Blütezeit, müssen sie sich vor *Ambrosia artemisiifolia* schützen. Dann nämlich reichen wenige Pollen für allergische Reaktionen. Das Beifußblättrige Traubenkraut, wie es deutsch heißt, besitzt das weltweit stärkste Pollenallergen.

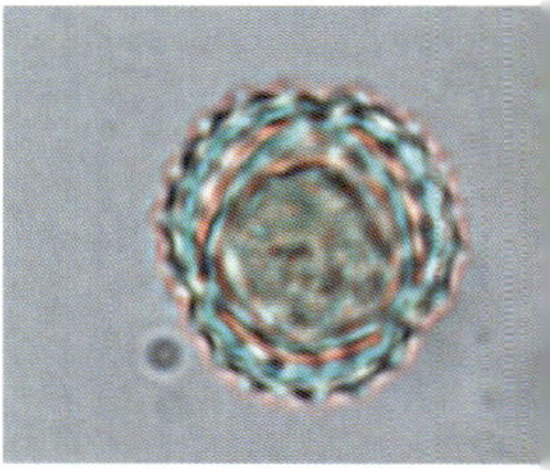

Die Pollen sind hoch allergen.

An Straßenrändern, auf Bahnflächen und Brachen sind die Männer unterwegs, und ziemlich sicher wächst Ambrosia auch an Vogelfutterstellen. Seit 1970 war sie in Berlin immer mal wieder aufgetaucht, galt als unbeständig, wurde kaum beachtet. Bis im Sommer 2006 die ersten alarmierenden Meldungen in den Zeitungen standen. Seitdem sind sich – ausnahmsweise – alle einig, vom Allergologen über die Ämter bis zum Naturschutz: Ambrosia muss weg. Denn bis zu einer Million Pollen produziert eine einzige Pflanze, die Samen können 40 Jahre keimfähig bleiben. Die Beifuß-Ambrosia droht sesshaft zu werden. Ein Berliner Aktionsprogramm soll ihr nun an den Kragen. Jeder kann mithelfen und Ambrosiafunde mit Foto melden an www.fu-berlin.de/ambrosia.

Ein Ambrosia-Atlas für Berlin zeigt alle Fundstellen an.

Das Gewicht der Mistel-Kugeln kann an manchen Ästen gefährlich werden, dann müssen sie ab.

So hoch oben thronen sie in den Silberahorn-Bäumen neben der Neuen Nationalgalerie nahe beim Potsdamer Platz, dass keiner rankommt, sonst wären die **Misteln** wohl weg. Denn der Brauch hält sich tapfer über die Jahrhunderte: Ein Kuss unter einem Mistelzweig bringt Glück. Ein schöner Schmuck sind sie außerdem, mit den weißen kugeligen Früchten, die erst gegen Weihnachten reifen, und den lederartigen Blättern, die auch im Winter grün bleiben.

Einige Biologen würde es freuen, wenn die grünen „Perücken" verschwänden. Sie warnen vor den todbringenden Folgen für 20- bis 40-tausend Bäume durch den Parasiten. Eine Epidemie gäbe es in Berlin, sie erwarten ein Programm zum Schutz der Bäume. Das Land sieht das gelassener, hat selbst untersucht und festgestellt: Die Mistel nimmt tatsächlich zu. Aber dass ein Baum ausschließlich durch den halbschmarotzenden Untermieter stirbt, dafür gibt es bisher in Berlin keinen Beweis. Halbschmarotzer heißt, die Pflanze holt Wasser und Nährsalze vom Wirt, aber ihre Blätter betreiben selbst Fotosynthese.

Der Name Mistel kommt von Mist, weil die Samen mit Vogelmist verbreitet werden.

Vor allem an Birken, Pappeln und Robinien haben sich die Glücksbringer festgesetzt. Aber auch am Silberahorn, und das ist eine Berliner Besonderheit. Als die Nordamerikaner einst zum Schmuck neben den Matthäi-Kirchplatz gepflanzt wurden, waren vielleicht schon Misteln drauf. Die Vögel laben sich gern an den Beeren. Ihr Fruchtfleisch ist so klebrig, dass es an den Schnäbeln festpappt. So fliegt der Samen mit und wird auf anderen Bäumen „angeleimt", denn die Vögel wollen nach dem Schmaus die lästige Klebemasse wieder loswerden. Oder der harte unverdauliche Samen landet im Vogelkot auf neuen Ästen.

Die alten Germanen glaubten, die Misteln seien vom Himmel gefallen, die Götter hätten sie in die Baumkronen gestreut. Auch die Gallier verehrten sie.

Einige der Riesenkugeln hinter der Neuen Nationalgalerie sind braun geworden und scheinen zusammen mit ihren Wirtsbäumen zu sterben, Ursache noch ungewiss. Andere haben sich so massenhaft auf ihrem Baum breit gemacht, dass er fast in den Misteln verschwindet. Europäische Wirte, so haben Fachleute beobachtet, kommen mit ihren immergrünen Untermietern weit besser klar.

Pollen – „reizende" Nachbarn

Jeden Wochentag gegen 13 Uhr steigen Mitarbeiter des Meteorologischen Instituts der Freien Universität aufs Dach ihres Dienstgebäudes in Berlin-Steglitz oder der Sternwarte im Prenzlauer Berg und öffnen ein rundes, unscheinbares Gerät. Es saugt zehn Liter Luft pro Minute an, auch kleinste Partikel gelangen ins Innere. Eine Pollenfalle! Unter dem Mikroskop werden sie identifiziert und ausgezählt. Und schon eine Stunden später erfährt man unter www.met.fu-berlin.de/de/polleninfo, wann und wo welche Pollen fliegen.

Öffnen einer Pollenfalle.

Wertvolle Informationen für eine Million Allergiker in der Stadt. Schon seit 25 Jahren gibt es diese Pollenwarnung. Doch bei ihren Untersuchungen haben die Wissenschaftler zugleich noch Alarmierendes herausgefunden. So verschob sich der Blühbeginn der Berliner Birke in diesem Zeitraum um elf Tage nach vorn. Verantwortlich dafür sind die immer milderen Winter, im Februar stieg die Mitteltemperatur sogar um 3,6 Grad. Und die Birke blüht nicht nur früher, sondern auch länger – ganze acht Tage sind es im Schnitt. Haselnusssträucher und Erlen treiben bei wärmeren Temperaturen mittlerweile schon im Dezember Blüten, statt wie üblich im Februar. „Der Klimawandel", so der Meteorologe Thomas Dümmel, „ist längst in der Hauptstadt angekommen."

Eigentlich sind nur sieben Pollentypen, also Blütenstaub von männlichen Pflanzen, für die meisten Allergiker gefährlich. Neben Haselnuss, Erle und Birke sind es Gräser, Roggen, Beifuß und Ambrosia. Allen gemeinsam ist – sie sind windbestäubt und ihre Pollen sehr leicht. Jedes Lüftchen transportiert sie über weite Strecken. Damit ist die Wahrscheinlichkeit, dass sie auf Allergiker treffen, sehr hoch. Mit der spät blühenden Ambrosia verlängern sich zudem die Leiden bis in den Oktober, so dass es kaum noch einen pollenfreien Monat gibt.

Der Begriff Allergie wurde 1906 zum ersten Mal durch den Wiener Kinderarzt Clemens von Pirquet geprägt. Der Körper reagiert dabei überempfindlich auf bestimmte Stoffe, was eine Reizung von Augen, Nase, Bronchien und der Haut zur Folge hat.

Den Geplagten soll jetzt ein interaktiver Pollenkalender (asthmabalance.de) helfen. Darin notieren Betroffene, wann sie besonders leiden. Ein Vergleich mit den Pollenflugdaten ermöglicht dann dem Arzt eine genaue Diagnose und gezielte Behandlung.

Besonderen Dank an
Prof. em. Dr. Dr. h. c. Herbert Sukopp, Bernd Machatzi, Mitarbeiter des Landesbeauftragten für Naturschutz, Dr. Birgit Seitz, Botanischer Verein von Berlin und Brandenburg, Christel Bengtson, Ulrike Willerding, Siegfried Bergmann, Jens Christian Holst, Prof. Laurenz Demps

Impressum

Edition Terra
eine Marke der terra press GmbH
Albrechtstr. 18, 10117 Berlin
Maulbeerallee 5, 14469 Potsdam
www.terra-press.de
ISBN: 978-3-9812477-3-2
2. Auflage

Konzept: terra press GmbH
Text: Heiderose Häsler, Iduna Wünschmann
Lektorat: Katharina Döring
Grafiken, Karte: terra press, kontur werbeagentur GmbH
Gestaltung: kontur werbeagentur GmbH, Ilona Heimann
Druck: Druckzone GmbH & Co. KG
Fotos: Heiderose Häsler, Jana Kotte, Siegfried Bergmann, Ilona Heimann, Susanne Gustony
Bildnachweise: Fotolia (Seite 12, 33, 39, 108, 111), Bildarchiv Preußischer Kulturbesitz (Seite 27, 43, 53, 101), Berliner Aktionsprogramm gegen Ambrosia (Seite 117, 119), defa-Stiftung (Seite 23), Grüne Liga (Seite 47), Shutterstock (Seite 118), Botanischer Verein (Seite 105), Dr. Birgit Seitz (Grafik S. 104), Institut für Ökologie der TU Berlin, Iduna Wünschmann (Seite 115)

Bibliografische Information der Deutschen Bibliothek:
Die Deutsche Bibliothek verzeichnet diese Publikation in der Deutschen Nationalbibliografie; detaillierte bibliografische Daten sind im Internet unter http://dnb.ddb.de abrufbar.

Alle Angaben in diesem Buch wurden nach bestem Wissen recherchiert. Sollten sich dennoch Fehler eingeschlichen haben, bedankt sich der Verlag für jeden Hinweis.